手把手學
Google AppSheet
辦公應用程式開發實戰指南

從零開始，實戰演練，一步到位

作者————田中系統技術團隊

Contents

Contents

Chapter 1

AppSheet 概述

無程式碼
開發平台

1-1 認識 Google AppSheet

1 背景與特色

　　以往，開發應用程式屬於專業技術，只有軟體工程師得以掌握，倘若企業需要使用 OA 系統（Office Automation System 辦公自動化系統）來改善工作流程，採購現成的系統可能會因為功能無法客製化而難以滿足需求，但是內部開發或委外開發又需要耗費大量的時間與費用。

　　如今隨著「No-Code」（無程式碼開發工具）問世，開發者無需寫任何程式碼即可製作應用程式，入門門檻大幅降低，越來越多人考慮使用無程式碼開發，AppSheet、Bubble、Zoho Creator 等無程式碼開發平台也應運而生。

　　其中 AppSheet 是由雲端巨頭 Google 提供的應用程式開發平台服務，它最初是由初創企業 AppSheet 公司自主開發和銷售，但在2020 年 1 月被 Google 收購，現已成為 Google 服務群的一部分。

　　在 Google 強大的技術支持下，**AppSheet 比起其他無程式碼工具擁有更高的安全保障與穩定性，而且能夠與 Google 的各種服務協同工作**，例如試算表、表單、日曆、Gmail 等，也能與 Excel、CSV、SQL 伺服器或是 Dropbox 整合。此外，AppSheet 還提供許多

AppSheet 小教室

什麼是「No-Code」無程式碼？
傳統的應用程式開發需要使用程式語言編寫原始碼，但使用無程式碼開發平台，不需要具備程式語言的知識，只要透過平台功能依序設定，便能輕鬆開發自己的應用程式。而且開發速度相當快，僅需幾分鐘到幾個小時即可產出，而傳統應用程式開發往往需要耗費數週，甚至數個月才能完成。相對地，無程式碼開發的能力和靈活度受限於平台功能，如果是比較複雜的應用程式需求可能就無法滿足了。

手機專屬的特殊功能，像是拍照上傳照片、獲取 GPS 和地圖資訊、QR Code 讀取功能等等，使應用程式變得更加方便和高效。

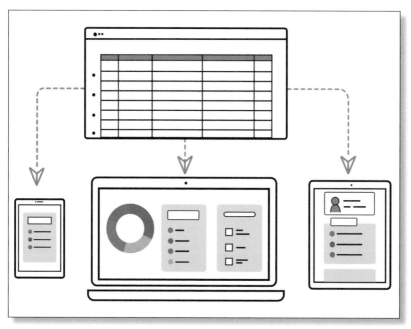

AppSheet 可將 Excel 或 Google 試算表的資料轉化為便利的應用程式，支援手機、平板和電腦，使用者無需安裝軟體，只要從瀏覽器登入 AppSheet 即可使用應用程式。

2 收費方式

使用者可以免費註冊並使用 AppSheet 開發自己的應用程式，同時分享給多達 10 個使用者進行試用。但在免費試用期間無法使用所有功能，像是從應用程式內發送簡訊，就需要切換成付費計畫才能運作，否則只能透過電子郵件發送訊息。

開發完應用程式後，若想公開發布供他人使用，必須升級到付費計畫，並依據使用者人數來訂閱服務。**若要變更計畫，請點擊 AppSheet 介面右上角的「Account Settings」。**

3 版本選擇

　　Google AppSheet 目前分為 Starter、Core、Enterprise Standard 和 Enterprise Plus 四個版本，這些版本都提供基本的應用程式和自動化功能（詳細的版本資訊請以官方公告為準），其中 AppSheet Core 版本最為廣泛使用，可以滿足大多數企業用戶提高單一工作流程效率的需求。

　　如果您需要與第三方程式整合，透過 Google Apps Script 或其他編寫程式碼的方式來實現更高級的自動化需求，則需要使用 AppSheet Core 以上的版本。此外，高級版本具有設備加密功能，可以提高資料安全性，也可以按角色或群組對使用者進行分類，開放不同的使用權限。

4 實際運用

　　如果您的組織中存在一些人工處理、紙本填寫、低效管理的流程，例如請假申請、採購管理或簽核派發等，皆可考慮**透過 AppSheet 來打造應用程式，使得企業的日常工作流程可以更加自動化和高效，讓有限的人力投入在更有價值的事務上。**

　　舉例來說，當員工在應用程式頁面填寫請假申請後，AppSheet 可以自動發信給主管，主管只需在郵件中點一下按鈕，便能提交審核結果，無需再開啟新的視窗或是登入系統。

　　同時，程式會自動將請假日期新增至 Google 日曆中，員工不再需要手動新增，而所有的請假紀錄都會被儲存在 Google 試算表，由程式自動計算請假天數與相應薪資，既節省時間又能避免錯漏。

大環境已經邁入自動化時代，減少人工紙本作業勢在必行，AppSheet 應用
程式開發協助企業從根本上進行轉變。

1-2 AppSheet 應用程式的開發流程

 1 | 準備資料

開發之前,請先在雲端服務(本書以 Google 試算表為範例)上準備好資料,而這份資料檔案可視為應用程式的資料庫,必須依照您的流程及需求來設計內容,詳細說明請參考 P.138。

 2 | 建立應用程式

完成資料準備後,需進行身分驗證、授予 AppSheet 對資料的存取權限後,即可進入 AppSheet 開發平台,詳細說明請參考 P.12。(您也可以直接從 Google 試算表來開啟 AppSheet)

 3 | 設定 Data

根據步驟(1)中資料庫的設計,逐一設定 Table(資料表)、Column(欄位)、TYPE(資料型態)、關聯性和計算函式等等,詳細說明請參考 P.24。

4 | 設定 Views

設定給不同使用者瀏覽的畫面,分別需要包含什麼內容、如何呈現,
詳細說明請參考 P.50。

 5 | 設定 Actions

思考有沒有哪些 Actions 需要設置,通常是用來增加使用者操作的便
利性,方便快速地進行新增、編輯或刪除、審核等動作,詳細說明請
參考 P.86。

 6 | 設定 Automation

建立 Bots 來實現程式自動執行的流程,像是前面提過的自動發信通
知審核主管,以減少使用者的人工處理時間,詳細說明請參考 P.100。

 7 | 佈署應用程式

最後只要設定外觀、安全性權限控管,即可分享給他人試用或直接發
布應用程式,詳細說明請參考 P.124。

1-3 AppSheet 開發前的準備工作

　　不必安裝任何軟體，只要從瀏覽器進入 AppSheet 的官方網站，就可以開始開發應用程式了。但需要注意的是，**必須有 Gmail 帳號才能進行 AppSheet 身份驗證和資料儲存**。如果您尚未擁有 Gmail 帳號，請先註冊一個才能進行後續的步驟。

開啟 AppSheet 的步驟

　　步驟 1：進入 https://www.appsheet.com/，點擊「Get started」開始使用。

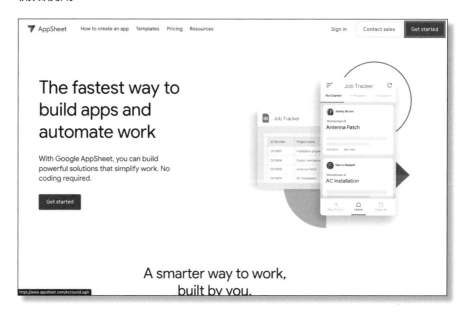

步驟 2：選擇您想要使用的雲端服務供應商（本書以 Google 為例）。

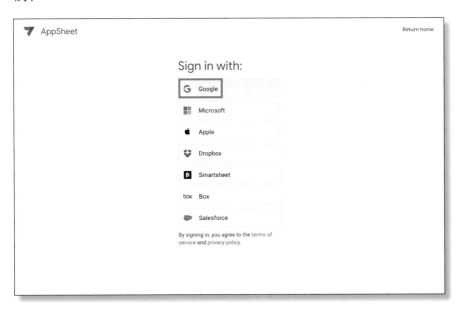

步驟 3：登入 Google 帳號。

步驟 4：點擊「允許」讓 AppSheet 能夠存取 Google 雲端硬碟及試算表。

步驟 5：進入畫面後，選「Create」創建一個 App 即完成初始動作。

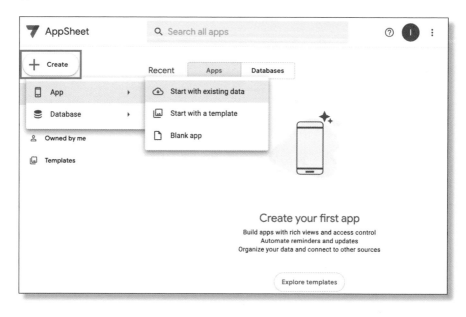

如何選擇最適合的創建方式？

目前 AppSheet 提供三種不同的 App 創建方式，整理如下表：

創建方式	說明	適合對象
Start with existing data 使用現有資料	將現有的資料源（如 Google 試算表、Excel、Dropbox、Salesforce 等）作為應用程式的基礎。	適合已經有資料源的人，可將資料轉換為可用的應用程式。
Start with a template 使用模板	套用模板來快速創建應用程式，只需進一步微調功能設定，讓應用程式更符合需求。	適合想要快速創建應用程式的人。
Blank app 空白應用程式	完全空白的應用程式，可以從頭開始創建自己的應用程式。	適合想要完全自訂應用程式的人。

先別急著套用模板，建議您先選擇「Start with existing data」，使用本書提供的資料範本進行 Step by Step 學習操作，熟悉 AppSheet 的介面與功能設定之後，再去套用模板才能知道如何微調，讓應用程式更加符合自己的流程與需求。

如何套用模板？

AppSheet 提供多種功能導向的應用程式模板，如：庫存盤點、輪班管理、訂單追蹤、資產管理、出勤紀錄、財務報告、客戶關係管理等。（更多範例請參考本書附錄 P.216）

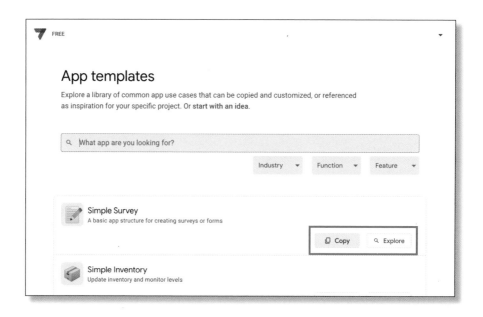

點擊「Explore」可查看該應用程式的說明（如下圖），也可以試用一下功能是否符合期待，或是直接點擊「Copy」複製模板到您的應用程式。

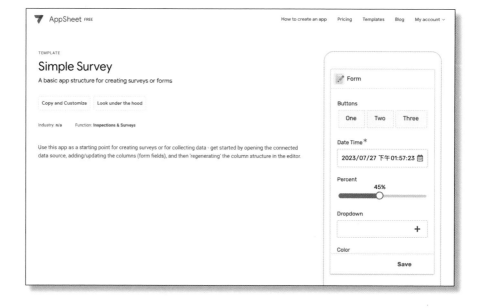

1-4 認識 AppSheet 基本介面

在進入 AppSheet 各項功能解說之前,我們先認識一下它的基本介面。如下圖所示,**從左至右依序為導航欄、主面板和應用程式預覽畫面。**

導航欄　　　　　　　　主面板　　　　　　　　　應用程式預覽畫面

1 上方選單功能說明

❶ **應用程式名稱**:如果您是從試算表建立應用程式,App 的名稱會預設為試算表的檔案名稱,也可以點此處 Rename。

❷ **Switch to the legacy editor**:在 AppSheet 新版和舊版之間切換,舊版被稱為「legacy editor」,介面相對較簡單,而新版則提供了更多的功能以及更豐富的用戶體驗。在本書中,我們主要使用新版介面。

17

❸ **Share**：設定共用權限，可以將應用程式分享給其他人試用，或是與他人共同開發。

❹ **SAVE**：如果有做任何更動，請務必點擊「SAVE」才能完成更新。

❺ **Account**：

○ **My Apps**：列出您所建立或維護的所有 App

○ **My Team**：如果您是團隊管理者，可以管理團隊成員，設定他們對於不同 App 的權限和存取等級

○ **Policies**：設定安全性相關的規則和限制，例如強制使用者要透過特定的身分驗證方式才能使用某個 App

○ **Account Settings**：設定帳號資訊，例如更改電子郵件地址、密碼、應用程式通知等

○ **Edition Settings**：設定 AppSheet 的使用方案，例如更改應用程式的使用量限制、設定應用程式的發布方式等

❻ **More**：

○ **Templates**：應用程式模板

○ **Support**：使用者支援中心

○ **Pricing**：AppSheet 方案價格

○ **Blog**：AppSheet 官方部落格

○ **Customers**：客戶案例和成功故事

○ **Partners**：合作夥伴名單

2 左側導航欄功能說明

Data：資料來源
Views：顯示方式
Actions：操作功能
Automation（又名 Bots）：自動化
Chat：Google Chat 連接

Intelligence：使用狀況與效能
Security：安全管理
Settings：帳戶和系統設定
Manage：管理權限
Learn：學習資源

New App

Data ⓘ
任務管理
客戶資料
案件進度管理
產品目錄
產品銷售

OPTIONS
User settings

　　導航欄中雖然有很多功能可供使用，但應用程式最重要的不外乎是「Data 資料」和「Views 使用者介面」兩項功能。若要提升效率，可多利用 AppSheet 表達式，也可設定 Actions 和 Automation 讓程式自動化（非必要），以減少使用者的工作量。

　　設定時不必感到壓力，也不需要使用全部功能，AppSheet 操作介面都很直觀，本書也會提供最詳盡的圖解說明。

AppSheet 小教室

AppSheet 表達式與 Excel 的函數類似，可以用來進行計算、條件驗證等等，詳細說明請見 P.38。

3 右側預覽畫面說明

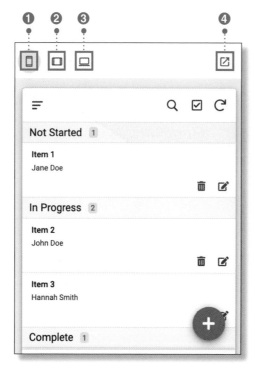

預設預覽畫面是 ❶ 手機顯示，也可以切換至 ❷ 平板或 ❸ 電腦顯示，或是 ❹ 在新視窗中開啟預覽畫面。

　　預覽畫面功能可以讓使用者隨時檢視應用程式的設定內容是否符合預期。但如果應用程式需要用到手機相機（例如拍照或掃描 QR Code 的功能），就無法在預覽畫面中進行測試。

　　現在，我們已經初步認識了 AppSheet 的後台介面，接下來將進入重點章節，讓我們開始使用 AppSheet 進行無程式碼開發吧！

Chapter 2

AppSheet 操作指南

設定 Data 資料源

本書將以最多人使用的 Google 試算表作為資料來
源，請掃描右側的 QR Code 或直接輸入連結 https://
reurl.cc/x6kerV，開啟我們為您準備好的試算表範本，
接下來的內容皆會以此範本內容來做說明。

創建 AppSheet 應用程式除了可以照著第一章（見 P.12）的作法
依序進行，也可以從試算表直接建立應用程式。

如下圖，請點選試算表工具列**「擴充功能」→「AppSheet」→**
「建立應用程式」，將此範本建立為應用程式，建立完成後即可進入
Data 介面。

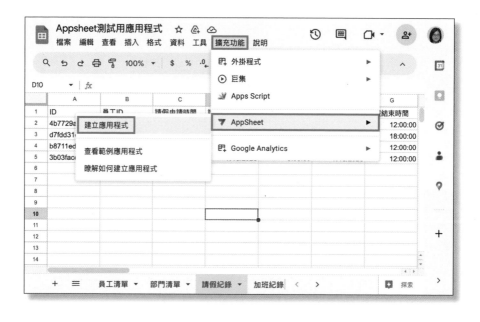

AppSheet 小教室

開始設定 Data 介面之前,請先了解試算表與 AppSheet 常用名詞的對應關係,瞭解它們將有助於更好地理解和設計應用程式的資料來源。

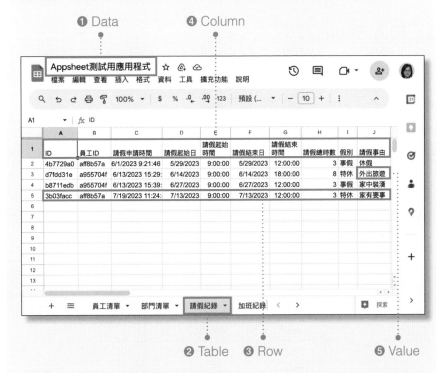

❶ **Data(資料)**:從 Google 試算表、Excel、Cloud SQL 或 Salesforce 等數據來源中提取的資料。

❷ **Table(工作表)**:Data(例如 Google 試算表)是由一個或多個 Table(例如試算表中的工作表)組成。

> 範例 【請假申請】的應用程式可能會使用到【員工清單】、【部門清單】、【請假紀錄】等三個 Table。

❸ **Row(列)**:每一列代表一條紀錄。

> 範例 當員工透過應用程式提交請假申請後,試算表中會自動新增一列該員工的請假紀錄。

❹ **Column(行)**:每一行代表一個資料欄位。

> 範例 【請假紀錄】中可能包含請假事由、請假時數、假別等欄位。

❺ **Value(值)**:具體值。

> 範例 某位員工的請假紀錄,Column「請假事由」的 Value 為「外出旅遊」、Column「假別」的 Value 為「特休」。

AppSheet 操作指南:設定 Data 資料源

2-1 Data 介面詳解

1 加入 Table 資料

　　Data 介面中畫面主要分為三個區塊，左側是目前匯入的 Table 一覽，可在此處新增、編輯或刪除 Table。

　　這些 Table 可以存在於同一份試算表檔案中，也可以是取自不同的試算表。

　　　Table 一覽　　點選左側一覽中的 Table 名稱，　　應用程式預覽畫面
　　　　　　　　　此處會顯示該 Table 的相關設定

　　雖然我們的試算表範例有 5 個 Table，但從試算表建立 AppSheet 應用程式之後，在 Data 裡面只會載入第一個工作表，如下圖所示，必須點選加號按鈕新增 Data（Add new Data），將其他需要的工作表一一加入。

　　新增時，會跳出下圖中 Table settings 的畫面，可以設定允許使用者進行哪些動作，包括編輯、新增、刪除或是只能檢視，勾選完之後，按下「Add This Table」即可。

2 設定各個 Table 及其欄位

當您在左側點選某一個 Table 之後，中間區塊會顯示該 Table 的相關設定，上方有幾個小按鈕，其功能說明如下：

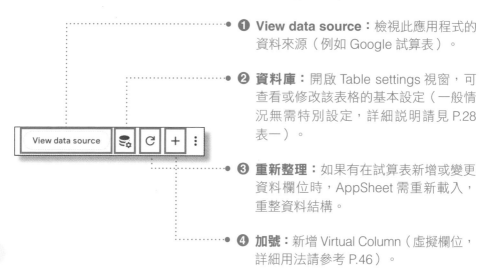

❶ **View data source**：檢視此應用程式的資料來源（例如 Google 試算表）。

❷ **資料庫**：開啟 Table settings 視窗，可查看或修改該表格的基本設定（一般情況無需特別設定，詳細說明請見 P.28 表一）。

❸ **重新整理**：如果有在試算表新增或變更資料欄位時，AppSheet 需重新載入，重整資料結構。

❹ **加號**：新增 Virtual Column（虛擬欄位，詳細用法請參考 P.46）。

區塊下方則會顯示所選 Table 的欄位清單，請逐一設定每個欄位的詳細資訊。（實際範例請參考 P.156）

❶ **NAME**：欄位名稱，會自動從試算表帶入。建議使用具備意義的命名方式，同一份 Table 中不能存在同名的欄位，且需避免特殊符號。

❷ **TYPE**：欄位的資料類型，會影響在應用程式中如何顯示。（資料類型詳見 P.29）

❸ **KEY**：欄位是否設為主鍵。一個 Table 通常只有一個欄位被設定為主鍵，其值必須是唯一的、不重複且不變的，建議使用系統產生的亂數 ID。

❹ **LABEL**：指定當其他表格參照此 Table 的主鍵時，要顯示的描述性資料欄位。

❺ **FORMULA**：類似試算表的函數，用於計算欄位的值。如果使用者編輯該列的資料，FORMULA 會自動重新計算欄位的值。

❻ **SHOW**：決定欄位是否在介面上顯示。

❼ **EDITABLE**：是否允許使用者編輯。對於使用函式自動產生值且不應由使用者編輯的欄位（例如主鍵），應取消勾選此選項。

❽ **REQUIRE**：是否為使用者必填欄位。

❾ **INITIAL VALUE**：在使用者新增資料時，將自動填入欄位的預設值。與 FORMULA 不同，INITIAL VALUE 雖會提供預設值，但使用者可在之後修改覆蓋其值。

❿ **DISPLAY NAME**：設定欄位在介面上顯示的名稱，可與 NAME 不同。例如，使用英文命名欄位但希望使用者看到中文名稱，可在 DISPLAY NAME 中指定欲顯示的名稱。

⓫ **DESCRIPTION**：描述欄位的用途，直接顯示在表單上，類似於 NAME 的效果。

⓬ **SEARCH**：欄位是否可在應用程式中進行搜尋。

⓭ **SCAN**：欄位是否可進行掃描操作，如使用應用程式中的條碼掃描功能。

⓮ **NFC**：欄位是否支援近場通訊（NFC）功能。

⓯ **PII**：欄位是否包含個人識別資訊（PII），如身分證號碼、電話號碼等敏感資訊。若欄位包含 PII，應謹慎處理和儲存，確保符合相關的隱私法規。

表一　Table settings 項目設定（一般情況無需特別設定）

選項	說明
Table name	顯示給使用者看的 Table 名稱。它可以用更直觀的描述來命名，無須與資料來源相同。
Are updates allowed?	決定使用者是否能夠更新 Table 中的紀錄。權限可限定允許新增、刪除或更新。
Storage	
Source Path	顯示這份 Table 數據的來源位置（試算表名稱）。
Worksheet Name/Qualifier	顯示資料來源的 Table 名稱（試算表下方的頁籤）。
Data Source	顯示此 Table 的資料來源，可以是 Google 試算表、資料庫或其他雲端服務，亦可點擊「Copy Data to New Source」，將資料複製至另一來源。
Source Id	試算表的 ID。
Store for image and file capture	設定使用此應用程式儲存的圖片與檔案要保留於何處。預設情況下，應用程式中上傳的圖像和文件會存儲在應用程式擁有者的雲端硬碟。
Security	
Filter out all existing rows?	是否隱藏掉先前已顯示過的所有列。
Security filter	設定條件讓使用者只能看見特定列。
Access mode	設定應用程式在存取試算表時，是以應用程式創建者或使用者的身份去存取。
Shared?	此 Table 是否開放給所有使用者。
Scale	
Partitioned across many files/sources?	此 Table 的資料來源是否來自一個以上的試算表或是其他來源。

Partitioned across many worksheets?	此 Table 的資料來源是否來自一個試算表中的多個工作表。
Localization	
Data locale	使用者在讀取該 Table 時設定的語言環境。
Documentation	
Descriptive comment	創建者記錄這套應用程式的說明文字，供協作者參考。

3 選擇欄位適合的 Type 資料類型

當您引用 Google 試算表的工作表到 AppSheet Data 之後，Table 中各個欄位的 Type（資料類型）會自動抓取工作表原本的設定，一般預設為「Text」文字欄位，為了讓這些資料在應用程式中能有適當的呈現或運用，我們可以根據需求來修改部分欄位的 Type。

比方說，**將欄位設定為「Email」可用於後續寄信，設定為「Enum」或「EnumList」可變成按鈕清單或下拉選單讓使用者快速點選，設定為「Date」讓使用者可以用點選日曆的方式輸入日期，設定為「Number」及「Price」則可用來做公式計算**，例如「請假時數」的 Type 若設定為「Text」，便無法作為數字來計算請假扣薪了。

目前 AppSheet 開放的 Type 整理如下表：

選項	說明
Address	地址
App	表示應用程式的相關資訊
ChangeCounter	追蹤欄位的變更次數
ChangeLocation	追蹤欄位的變更位置
ChangeTimestamp	追蹤欄位的變更時間戳記
Color	顏色
Date	日期，可進行日期相關的操作和比較
DateTime	日期和時間的組合，可準確記錄時間戳記
Decimal	十進位數字
Drawing	繪圖或手寫筆記
Duration	時間間隔或持續時間
Email	電子郵件地址
Enum	定義一個預設的選項清單，可從中選擇一個值作為該欄位的數據（單選）
EnumList	類似於 Enum，但允許選擇多個項目，用於儲存多個選項的列表（複選）
File	檔案，例如文件檔、表格等，可上傳和下載檔案
Image	圖片，可上傳、顯示圖片
LatLong	緯度和經度的組合，用於地理位置
List	列表的值
LongText	長篇文字或詳細描述
Name	姓名或名稱
Number	數值，包括整數和小數，可進行數值計算和比較
Percent	百分比

Phone	電話號碼
Price	價錢的值，帶有貨幣符號
Progress	進度或完成度
Ref	引用其他表格的資料，建立表格間的關聯性
Show	顯示其他欄位的值
Signature	簽名圖片
Text	文字或字串，可以輸入任何文字內容
Thumbnail	圖片縮圖
Time	時間，例如會議時間、活動時間等
Url	網址
Video	影片
XY	平面座標
Yes/No	布林值（是 / 否）

　　您可以直接在主面板中點選 Type 下拉選單快速修改，或是點擊欄位前方的鉛筆圖示（Edit），進一步修改更多細節設定。

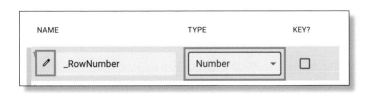

　　當您選擇不同的 Type 時，底下的 Type Details 也會跟著變化，可進行更精細的控制和格式化，接下來將列舉三種較為常用的資料類型，截圖說明其功能設定讓讀者參考。

Type 若選 Number，下方 Type Details 設定說明

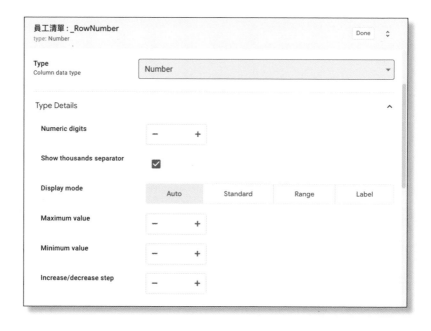

- **Numeric digits**：此選項允許您指定數字欄位的小數位數。例如，如果您希望欄位只顯示兩位小數，則可將此選項設置為 2。
- **Show thousands separator**：此選項用於指定是否顯示數字中的千位分隔符號。例如，數字 1000000 將顯示為 1,000,000。
- **Display mode**：此選項用於指定數字欄位的顯示模式。
    - **自動（Auto）**：根據數值的大小自動選擇適合的顯示模式。
    - **標準（Standard）**：常規的數字顯示模式。
    - **範圍（Range）**：將數字顯示為範圍的形式，例如「1-10」。
    - **標籤（Label）**：顯示附加標籤或符號，以提供更多信息或上下文。
- **Maximum value**：此選項允許您指定數字欄位的最大值限制。當用戶輸入超過此值的數字時，將出現錯誤提示。
- **Minimum value**：此選項允許您指定數字欄位的最小值限制。當用戶輸入小於此值的數字時，將出現錯誤提示。

● **Increase / decrease step**：此選項可指定使用者增加或減少數字值時的幅度。舉例來說，若設置為 0.5，則使用者每次按下增加或減少按鈕時，欄位的值將增加或減少 0.5。

Type 若選 EnumList，下方 Type Details 設定說明

● **Values**：可設定複選的選項。
● **Allow other values**：允許使用者手動輸入新的選項。
● **Auto-complete other values**：當使用者手動輸入時，自動匹配現有的選項或建議。
● **Base type**：指定數據類型，例如純文字（text）、數字（number）等。
● **Input mode**：設定這些選項的顯示方式，可選擇自動（Auto）、按鈕（Buttons）、垂直排列（Stack）、下拉選單（Dropdown）等。
● **Item separator**：指定用於分隔多個項目的符號或字符。

Type 若選 Ref，下方 Type Details 設定說明

- **Source table**：該欄位參照的 Table。
- **Is a part of?**：此 Table 是否被視為參照 Table 的一部分？若參照 Table 中相應的欄位值被刪除，則此 Table 中有引用同樣欄位值的 紀錄也都將被刪除。
- **External relationship name**：指定在底層資料來源中的關係名稱 （僅適用於資料來源為 Salesforce 的情況）。
- **Input mode**：設定顯示的方式，可選擇自動（Auto）、按鈕 （Buttons）、下拉選單（Dropdown）等。

AppSheet 小教室

舉例來說，我們有【請假紀錄】和【員工清單】這兩個 Table，將【請假紀錄】中的「請假申請者」欄位設置為參照【員工清單】中的「員工 ID」欄位，並且勾選「Is a part of?」。如果今天有某位員工離職，我們在【員工清單】刪除該員工的整筆資料，因為「員工 ID」被刪除了，所以參照該值、且被視為其一部分的【請假紀錄】中該員工的所有紀錄都將被自動刪除。

4 完成所有欄位設定

除了設定 Type Details 之外，下方還可以針對欄位進行「Data Validity」（資料驗證）或是「Auto Compute」讓程式自動計算該欄位的值。

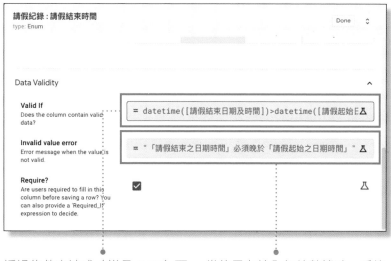

透過條件表達式（詳見 P.38）可判斷資料列中的數據是否有效。

當使用者輸入無效數據時，系統會顯示錯誤提醒。

- **App formula（公式）**：寫公式來自動計算欄位值，當應用程式上的資料新增或更新時，系統會根據其公式自動計算生成值。**適合用在當資料變動時需重新計算、且不允許使用者直接編輯的情況**，例如「請假開始時間」跟「請假結束時間」變動時，我們需要重新計算正確的請假總時數。

> 範例 假設您有一個名為「總價」的 Column，是根據「數量」和「單價」來進行計算的，則可設定公式為 [數量] * [單價]

- **Initial value（初始值）**：當新增一筆紀錄時，這個初始值將自動填入，**只會生成一次，不會因為資料更動而刷新**，允許使用者修改覆蓋，比方說預設請假日期為當天，但如果使用者要提前請假的話，也可以自由將日期改為其他天。

> 範例 假設您有一個名為「訂單日期」的 Column，如果希望在新增紀錄時自動填入當前日期作為「訂單日期」的預設值，可以將 Initial value 設定為 TODAY() 。即使後續您有更新這筆訂單資料，系統也不會變更「訂單日期」的值，而是保留建立紀錄時的日期。

- **Suggested values（建議值）**：使用者在輸入時可以從下拉選單中選擇的預設值。

> 範例 假設您有一個名為「City」的 Column，希望輸入時使用者可以從建議值列表中選擇城市名稱，您可使用 SELECT(Cities[City], TRUE) 來生成建議值列表。（這個公式的意思是指選取名為「Cities」的工作表中欄位為「City」的所有值）

● **Spreadsheet formula（試算表公式）**：試算表的公式，此處會自動轉換成 AppSheet 的寫法。

> 若試算表的公式有更新，請記得到 AppSheet 的 Data 介面點選該 Table，點上方的「Regenerate schema」重新載入 Data。

　　以上就是有關 AppSheet 後台中「Data」介面的介紹。在進一步進行細節設定之前，建議先熟悉介面上每個按鈕的位置和功能，這將有助於提高後續開發的效率。關於條件表達式的撰寫，在後面的章節會有更完整的教學。

2-2 Expression Assistant 表達式運用

設定欄位時，不是每一個欄位都需要使用者自行輸入資料，可以透過前述的 Auto Compute 功能（最常用的是 Formula 及 Initial value）寫公式來讓程式自動計算並寫入資料，類似 Excel 或 Google 試算表的函式功能。

在 AppSheet 中很多地方都可以點擊輸入框來開啟 Expression Assistant 視窗，撰寫條件表達式。

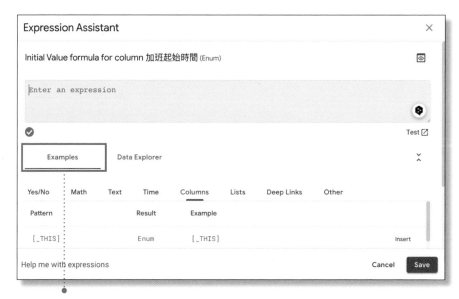

點選 Example 可以快速查找並插入適當的函數、條件語句、數學運算等，以根據您的需求創建自定義的表達式。

輸入表達式後，程式會驗證表達式的正確性，提供即時反饋和錯誤提示。

如果表達式語法正確，下方會顯示綠色勾勾，可進一步點選「Test」查看公式自動計算的數值是否符合您的需求。

接下來向大家介紹幾個 AppSheet 常用的表達式，表達式不分大小寫，可參考實例來使用適合自身需求的寫法。P.40 ～ 45 的表格內容，也會存放在雲端硬碟上方便讀者複製表達式寫法，您可輸入網址 https://reurl.cc/x6kerV 或是掃描右側 QR Code 查看。

表達式	說明	實例
USEREMAIL()	取得當前使用者的電子郵件	例 在【請假紀錄】的申請人電子郵件欄位，使用 USERMAIL() 以自動填入使用者的電子郵件。

IF()	進行條件判斷	設定 IF 判斷結果為 TRUE 時要顯示什麼內容，反之若結果為 FALSE，又要顯示什麼內容。
		
		例 根據訂單金額是否超過 500 元來判斷是否享有免運費優惠：
		IF([訂單金額] > 500, " 享有免運費優惠 ", " 無免運費優惠 ")
		
		例 根據分數是否及格來判斷是否合格：
		IF([分數] >= 60, " 合格 ", " 不合格 ")
		
		例 根據支出是否超過預算來判斷是否超支：
		IF([支出] > [預算], " 超支 ", " 未超支 ")

DAY()、MONTH()、YEAR()	提取日期中的數值	例 假如今天是 2023 年 3 月 2 日，則 YEAR(TODAY()) → 2023 MONTH(TODAY()) → 3 DAY(TODAY()) → 2
NOW()	當前的日期和時間	在申請時間或最後更新時間的欄位以 NOW() 來自動帶入值
TODAY()	當天的日期	以 TODAY() 自動填入活動日或更新日為當天日期

AND()	當滿足多個條件時回傳 TRUE，否則回傳 FALSE，可以與 IF 結合使用 ※ 寫法： AND(需同時成立的條件 1, 需同時成立的條件 2)	例 檢查考績是否及格且出勤率達到 80 以上： AND([考績] >= 60, [出勤率] > 80) 例 檢查工作態度和工作表現是否都被評為優秀： AND([工作態度] = " 優秀 ", [工作表現] = " 優秀 ") 例 檢查任務是否完成且未超過截止日期： AND([任務狀態] = " 完成 ", [截止日期] >= TODAY())
LOOKUP()	從其他 Table 查找並回傳特定欄位的資料值 ※ 寫法： LOOKUP(要查找的值，要查找的範圍，要回傳的範圍)	例 在某個欄位輸入 LOOKUP([產品編號], 產品清單, 產品清單 [產品名稱])，可查找【產品清單】中對應產品編號的資料，並回傳其產品名稱的值。 例 在某個欄位輸入 LOOKUP([申請人 EMAIL], 員工清單, 員工清單 [員工 ID])，可查找【員工清單】中對應申請人 EMAIL 的資料，並回傳其員工 ID 的值。
UNIQUEID()	自動生成隨機字串 ※ 注意：預設為生成 8 位英數混合文字，但不保證絕對不會重複出現（儘管機率極低）	常用於設定以亂數組成的主鍵值，例如客戶編號、訂單編號。 不過如果該欄位是當成主鍵，UNIQUEID() 請不要放在 Formula（每次新增或修改紀錄，都會重新產生值），而是應該放在 Initial value，同時 Editable 或 Show 不要打勾，這樣便能設定好主鍵，使用者也無法任意更動。

CONCATENATE()	將多個字串或欄位的值組合成一個字串 ※ 寫法： CONCATENATE（要組合的文字1, 要組合的文字2,.....）	例 組合姓名和地址來生成完整的客戶資訊： CONCATENATE([姓名], ", ",[地址]) 例 將名字和姓氏合併為完整的客戶姓名： CONCATENATE([名字], " ",[姓氏]) 例 在發票紀錄表格中，將產品名稱、數量和單價合併為描述性的項目內容： CONCATENATE([產品名稱], " x", [數量], " 單價 : $", [單價])
SELECT()	獲取符合條件的所有紀錄的特定欄位值 ※ 寫法： SELECT(要搜尋的 Table 的指定欄位值的全部內容，搜尋條件)	例 在員工清單中，獲取所有年齡大於 30 歲者： SELECT(員工清單 [姓名],[年齡] > 30) 例 獲取所有庫存數量低於安全庫存量的產品名稱： SELECT(產品庫存 [產品名稱], [庫存數量] < [安全庫存量]) 例 獲取所有已付款且未發貨的訂單編號： SELECT(訂單表格 [訂單編號], AND([付款狀態] = " 已付款 ", [發貨狀態] = " 未發貨 "))

TEXT()	將指定變數轉換為字串	例 在財務報表中,格式化顯示利潤為貨幣形式: TEXT([利潤], "$0.00") 例 將日期格式化為年份和月份: TEXT([日 期], "yyyy 年 MM 月 ") 例 將庫存數量格式化為千位數: TEXT([庫存數量], "#,###")
SUM()	計算範圍中數值型別欄位的總和	例 計算訂單總金額: SUM([訂單金額]) 例 計算每個產品類別的銷售總金額: SUM([銷售金額], [產品類別])
AVG()	計算範圍中數值型別欄位的平均值	例 在銷售報表中,計算所有產品的平均銷售價格: AVG(銷售報表 [銷售價格]) 例 在客戶評分表格中,計算所有客戶的平均滿意度: AVG(客戶評分表格 [滿意度]) 例 在員工薪資表格中,計算所有員工的平均薪資: AVG(員工薪資表格 [薪資])
COUNT()	計算範圍中非空值的個數	例 計算已完成的任務數量: COUNT([狀態], " 完成 ") 例 計算出勤天數: COUNT([出勤狀態], " 出勤 ")

MAX()	計算範圍中數值型別欄位的最大值	例 庫存數量最多的商品： MAX([庫存數量]) 例 查找最高的銷售金額： MAX([銷售金額])
MIN()	計算範圍中數值型別欄位的最小值	例 查找最低價格的商品： MIN([價格]) 例 查找庫存數量最少的商品： MIN([庫存數量])
IN()	檢查某個值是否存在 ※ 寫法： IN(要確認是否存在的值, 搜尋的範圍)	例 檢查訂單編號是否存在於發貨訂單的列表中： IN([訂單編號], 發貨訂單 [訂單編號]) 例 檢查產品類別是否屬於特定分類列表： IN([產品類別], 特定分類列表) 例 檢查任務狀態是否為進行中： IN([任務狀態], " 進行中 ")
IFS()	根據多個條件進行連續的條件判斷 ※ 寫法： IFS(條件 1, 條件 1 成立後顯示的內容, 條件 2, 條件 2 成立後顯示的內容 ......)	例 如果購買金額在 500 元以上，回傳 " 普通會員 "；介於 200 ~ 499 元，則回傳 " 初級會員 "；如果都不滿足，則回傳 " 非會員 "： IFS([購買金額] >= 500, " 普通會員 ", [購買金額] >= 200, " 初級會員 ", true, " 非會員 ") 例 根據評分數量給予對應的評價： IFS([評分數] >= 5, " 優秀 ", [評分數] >= 4, " 良好 ", [評分數] >= 3, " 普通 ", [評分數] >= 2, " 不滿意 ", true, " 非常不滿意 ")

ISBLANK()	檢查欄位是否為空值,如果是空值,回傳 TRUE,否則回傳 FALSE	例 如果聯絡電話欄位為空值,則回傳 TRUE,否則回傳 FALSE: IF(ISBLANK([聯 絡 電 話]), "TRUE", "FALSE")
UPPER() LOWER()	將字串轉換為大寫或小寫	例 將姓名欄位中的字串轉換為大寫或小寫: UPPER([姓名]) LOWER([姓名]) 例 在商品名稱清單中,將產品名稱轉換為大寫: UPPER(商品名稱清單 [產品名稱])

2-3 善用 Virtual Column 虛擬欄位

Virtual Column 是一個虛擬欄位，它不會被儲存在試算表中，設定方式與其他實體欄位相同。但 Virtual Column 的值只能利用表達式自動計算而產生，不能由使用者自行輸入資料。

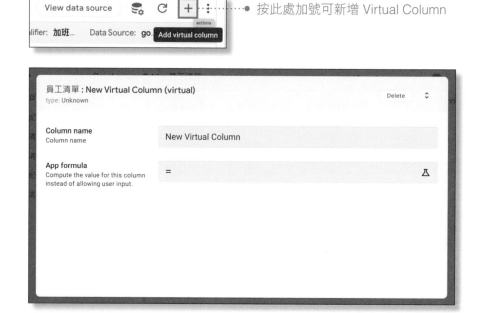

按此處加號可新增 Virtual Column

那麼我們在什麼樣的情況下需要使用到 Virtual Column 呢？當我們希望**某些值可以自動抓取並顯示於應用程式中，或是需要利用某些值來做進一步的計算或組合，但卻不希望這些值被記錄在試算表**，我們就可以將其設定為 Virtual Column。

舉個例子，在【加班紀錄】的 Table 中，使用者可以用方便填寫的方式（例如點選下拉選單、按鈕或日曆來取代手動輸入），分別選取「加班日期」與「加班起始時間」，但我們希望在紀錄列表頁面中日期及時間合併顯示，那麼就可以建立一個 Virtual Column，撰寫表達式 concatenate(text([加班日期])," ",text([加班起始時間])) 將兩個欄位的值依指定的格式組合在一起。

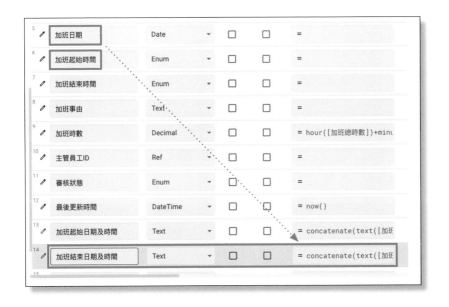

　　然後在設定紀錄列表頁面的 View 時，就不用顯示「加班日期」與「加班起始時間」的 Column，改為顯示 Virtual Column「加班起始日期及時間」即可。

由於「加班日期」與「加班起始時間」是兩個欄位，因此列表中也會分開顯示，導致表格寬度顯得過長了。

我們可以設置 Virtual Column「加班起始日期及時間」，將「加班日期」與「加班起始時間」合併成一個欄位顯示就好。

再舉一個更進階的運用實例，在【薪資清單】的 Table 中，我們只需填入底薪，就可以建立一個「換算時薪」的 Virtual Column，利用表達式 ([底薪]/30.0)/8.0 來自動計算該員工的時薪，再建立「該月加班總時數」的 Virtual Column 去抓取【加班紀錄】Table 的加班時數，如此一來便能利用兩個 Virtual Column 的值 [該月加班總時數]*[換算時薪]*1.5 來自動計算出加班費囉！（更多介紹請參考實戰指南篇 P.150）

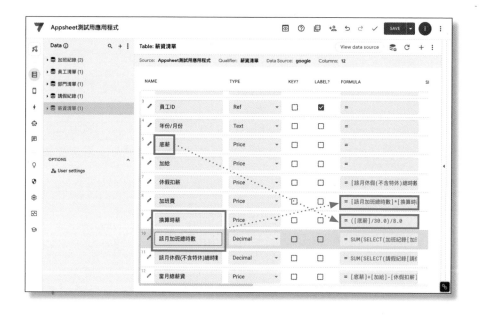

Chapter 3

AppSheet 操作指南

建立供使用者瀏覽的 Views

3-1 Views 介面介紹

什麼是 View？View 是指**在使用應用程式時呈現給使用者的顯示畫面**。開發者可以針對不同的角色設定不同的 View，以自由決定哪些頁面和資料要顯示給使用者。

舉例來說，員工填寫請假表單的畫面是一種 View，而公司管理者查看員工請假紀錄的畫面則是另一種 View。接下來我們將逐步說明如何設定：

1 點選 AppSheet 導覽列中的手機圖示，進入「Views」介面

左半邊區塊分成三種類型，分別為 PRIMARY NAVIGATION（主導航）、MENU NAVIGATION（選單導航）以及 REFERENCE VIEWS（參考檢視）。

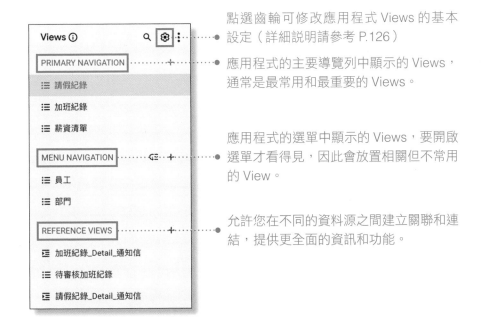

點選齒輪可修改應用程式 Views 的基本
設定（詳細說明請參考 P.126）

應用程式的主要導覽列中顯示的 Views，
通常是最常用和最重要的 Views。

應用程式的選單中顯示的 Views，要開啟
選單才看得見，因此會放置相關但不常用
的 View。

允許您在不同的資料源之間建立關聯和連
結，提供更全面的資訊和功能。

2 新增一個 View

在左側選單中點選「+」按鈕 Add View，將打開一個名為「Add
a new view」的視窗。

在視窗中，點選「Create a new view」按鈕。

3 設定 View

參考下圖逐一設定 View，完成所有設定後，請記得點選右上角的「SAVE」按鈕才能真正儲存所做的更改。

Step1 設定名稱、來源、類型與選單位置

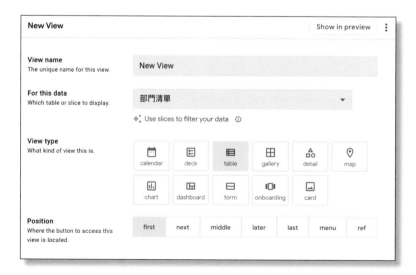

● **View name**：請設定一個簡單易懂的名稱，可使用中文或英文。

● **For this data**：選擇要使用的 Table 或 Slice（關於 Slice 說明詳見 P.82）。

● **View type**：根據需求選擇不同的 View 類型（詳見 P.57），例如表格、表單等等。

● **Position**：在導航選單中，設定 View 要出現的位置。

  ○ first、next、middle、later、last 是指在下方導航選單中，與其他 View 的相對位置。

○ 若設定 menu 會出現在左
上角的選單中，要點擊選
單才看的到。

適用於不需經常
查看的 View。

○ 若設定 ref，代表這個 View 不須顯示在導航選單或 Menu 中，
而是在其他 View 中有連結連過來，或是用於 dashboard（詳見
P.65）。

Step2 根據類型進一步設定 View Options

View Options 的設定會依上方所選擇的 View type 而有不同的設定，我們將在 3-2 的章節一一說明，詳見 P.57。

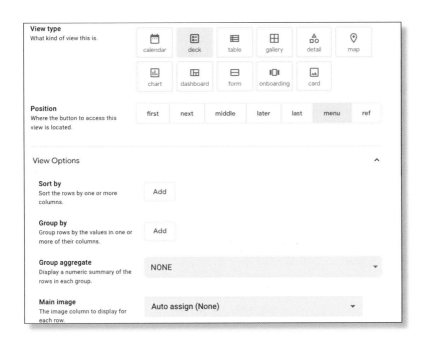

Step3 設定選單中要呈現的名稱或圖示

Display 區塊可以設定 View 在導覽選單中的顯示名稱與圖示，也可以限制誰能看見這個 View。

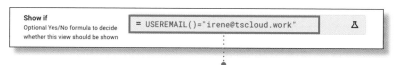

- **Icon**：設定 View 的圖示，在應用程式中方便識別。
- **Display name**：如果有特殊需求，可以填寫這個欄位來指定 View 的顯示名稱，否則可以留空。
- **Show if**：設定表達式來判斷是否顯示這個 View，通常用於設定「只有特定的使用者才能看到這個 View」的條件，例如：負責管理薪資的同仁才能檢視薪資管理紀錄。

範例

Show if	
Optional Yes/No formula to decide whether this view should be shown	= USEREMAIL()="irene@tscloud.work"

利用 USEREMAIL() 表達式來判斷，唯有登入應用程式的使用者電子郵件為 irene@tscloud.work 時才會顯示這個 View。

3-2 View type 的選項設定

1 View type - calendar（日曆）

View type 如果選擇「calendar」，頁面將以日曆的方式呈現，可以切換月／週／日顯示。但必須注意的是，若要使用日曆 View，**來源 Data 需包含開始與結束日期，並且 Type 設定為 Date 的欄位**，才能如下圖所示，在 View Options 中指定 Start date 與 End date 要抓取的欄位。

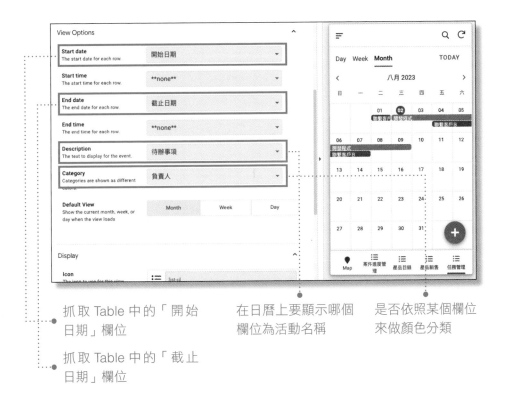

抓取 Table 中的「開始日期」欄位

抓取 Table 中的「截止日期」欄位

在日曆上要顯示哪個欄位為活動名稱

是否依照某個欄位來做顏色分類

2 View type - deck（牌組）

　　View type 如果選擇「deck」，將以垂直列表的形式呈現，通常用於任務管理或產品目錄，提供使用者可以快速瀏覽所需的資訊。

　　舉例來說，任務管理應用程式中，可用來顯示待辦事項清單，每一筆紀錄代表一個待辦事項，並顯示相關訊息，如標題、截止日期和負責人。

依照「截止日期」來排序，Ascending 是數字由小排到大，
Descending 則是由大排到小。

以「負責人」的欄位來分組，可以清楚查看每個人負責的任務清單。

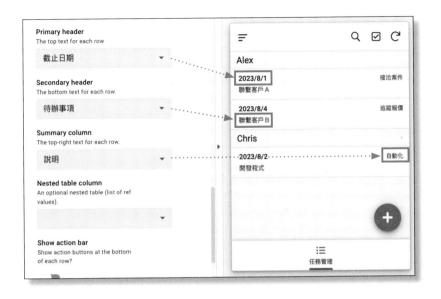

若開啟 Show action bar 功能，則每筆紀錄都會顯示下方 Actions 所設定的按鈕

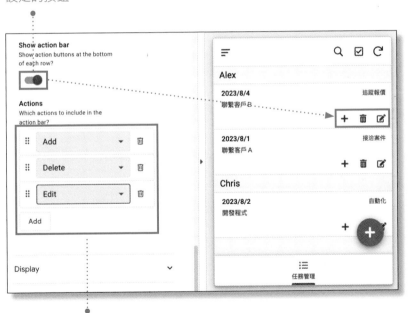

可依照需求決定要放哪些按鈕，例如新增、刪除或編輯。

又或是產品目錄、備品管理、採購管理等應用程式中，我們可以設定每一筆紀錄代表一項產品，顯示圖片、標題、價格、說明等資訊，讓使用者可以快速瀏覽不同的產品，並進行 Actions 按鈕操作。

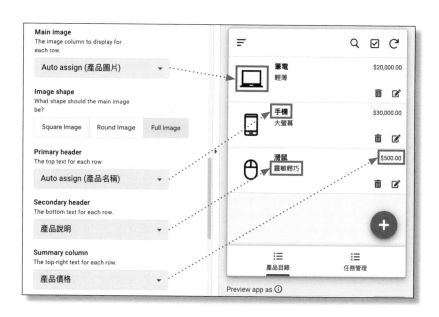

③ View type - table（表格）

「table」是常見的 View type 之一，可將資料以表格方式顯示，通常用於薪資紀錄、請假紀錄等。除了設定排序和分組外，還能根據「Column order」來調整欄位顯示的順序，不需要顯示的欄位則不選取即可。

● **Sort by**：要依照哪一個或多個欄位來排序。

範例 以「申請人」欄位排序：

申請人 ↑	請假申請時間	請假起始日	請假起始時間	請假結束日	請假結束時間
Alex	2023/7/28 10:36:33	2023/7/28	09:00:00	2023/7/28	18:00:00
chris	2023/7/19 11:24:43	2023/7/13	09:00:00	2023/7/13	12:00:00
Irene	2023/7/28 11:45:25	2023/7/30	09:00:00	2023/7/30	18:00:00
Irene	2023/7/28 11:48:16	2023/7/23	09:00:00	2023/7/23	18:00:00

範例 以「請假起始日」欄位排序：

申請人	請假申請時間	請假起始日 ↑	請假起始時間	請假結束日	請假結束時間
chris	2023/7/19 11:24:43	2023/7/13	09:00:00	2023/7/13	12:00:00
Irene	2023/7/28 11:48:16	2023/7/23	09:00:00	2023/7/23	18:00:00
Alex	2023/7/28 10:36:33	2023/7/28	09:00:00	2023/7/28	18:00:00
Irene	2023/7/28 11:45:25	2023/7/30	09:00:00	2023/7/30	18:00:00

● **Group by**：根據一個或多個欄位的值來對資料進行分組，也可以決定每個群組要顯示的資料數據，像是每個請假類別的請假筆數等等。

範例 Group by 設定「假別」欄位來分組顯示，Group aggregate 則選擇「COUNT」來顯示每個假別的請假筆數。

設定好之後可在右側即時預覽效果是否符合預期，如下圖。

申請人	請假申請時間	請假起始日	請假起始時間	請假結束日	請假結束時間
特休 2					
chris	2023/7/19 11:24:43	2023/7/13	09:00:00	2023/7/13	12:00:00
Alex	2023/7/28 10:36:33	2023/7/28	09:00:00	2023/7/28	18:00:00
事假 1					
Irene	2023/7/28 11:45:25	2023/7/30	09:00:00	2023/7/30	18:00:00
公假 1					
Irene	2023/7/28 11:48:16	2023/7/23	09:00:00	2023/7/23	18:00:00

● **Group aggregate**：在每個分組中以哪種計算值作為摘要，可顯示每個分組的總筆數（COUNT）、總計（SUM）、平均值（AVERAGE）、最小值（MIN）、最大值（MAX）等數值摘要，有助於快速瞭解每個分組的統計狀態。

Group aggregate
Display a numeric summary of the
rows in each group.

Column order
Display columns in a different order
than they appear in the original

NONE
✓ COUNT
SUM :: 請假總時數
AVERAGE :: 請假總時數
MIN :: 請假總時數
MAX :: 請假總時數

● **Column order**：選擇要顯示在表格的欄位與前後順序。

4 View type - form（表單）

大部分的應用程式都需要使用者填寫資料，例如員工填寫請假申請，因此 AppSheet 會依照您所建立的 Data，自動產生表單頁面的 View，列在左側選單中的 SYSTEM GENERATED 下方。

您可以點擊 _Form 的 View 來設定讓使用者填寫的表單畫面，並且自訂哪些欄位需要顯示（通常只顯示需要使用者填寫的欄位，由程式自動產生的欄位則不需顯示在表單中）。

以下是 form 的 View Options 設定：

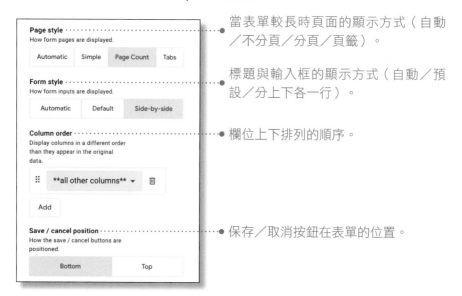

當表單較長時頁面的顯示方式（自動／不分頁／分頁／頁籤）。

標題與輸入框的顯示方式（自動／預設／分上下各一行）。

欄位上下排列的順序。

保存／取消按鈕在表單的位置。

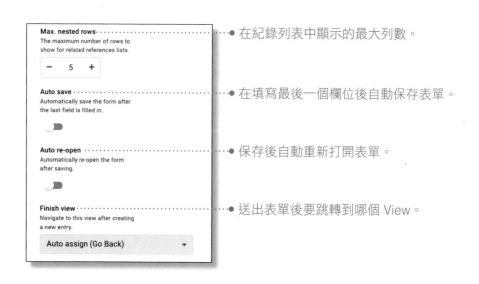

在紀錄列表中顯示的最大列數。

在填寫最後一個欄位後自動保存表單。

保存後自動重新打開表單。

送出表單後要跳轉到哪個 View。

5 View type - dashboard（儀表板）

對於一些資料量較少的 Table，我們可以將它們整合在同一個頁面上顯示，減少應用程式中的分頁數量，讓使用者更流暢地使用。

以上圖為例，您可以先建立一個新的 View，並選擇 View type 為「dashboard」，然後在 View Options 中，點擊「View entries」旁邊的「Add」，將先前建立好的兩個（或多個）View 結合在一起。

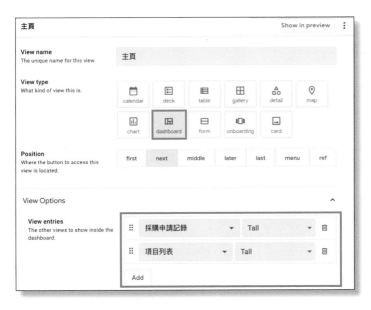

預設情況下，兩個 View 會垂直顯示。

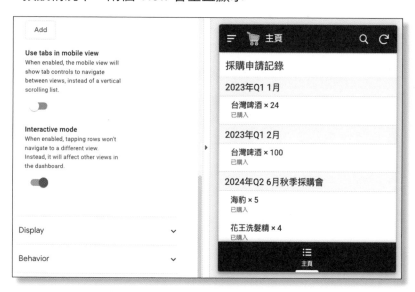

如果覺得不方便瀏覽，可以勾選「Use tabs in mobile view」，將改以分頁的方式顯示。

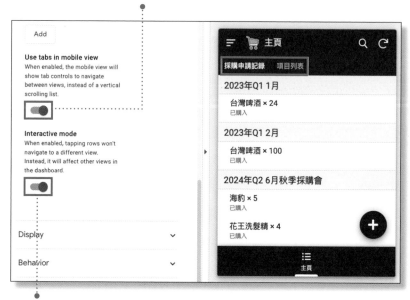

當點擊清單中的某筆紀錄時，一般將進入該筆紀錄的詳細資訊頁面。如果不想要跳轉，可以勾選「Interactive mode」。

最後要注意的是，dashboard 只是將先前建立的 Views 合併，因此不需要再進行資料排序或分組等基本設定，這些設定必須在各自的 View 中進行。

另外，原始的 View 是 dashboard 的來源，所以是不能刪除的，但為了避免底部選單重複出現原始 View 與 dashboard View 的頁面連結，可在各自的 View 中將「Position」設定為「ref」，這樣在底部選單便不會看見原始的 View 了。

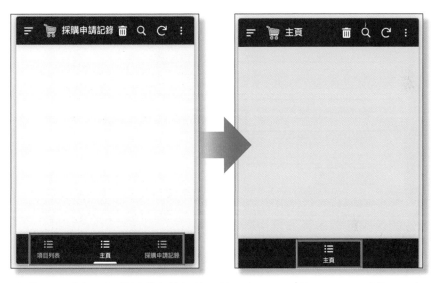

將「項目列表」與「採購申請紀錄」這兩個 Views 的 Position 改為 ref 之後，導覽選單就只需要留下一個「主頁」。

注意，必須在「項目列表」與「採購申請紀錄」各自的 View 設定修改，而不是在「主頁」的 View。

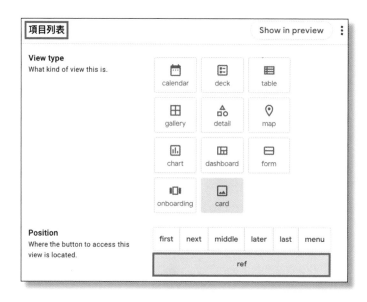

6 View type - card（卡片）

　　類似於名片，常用於顯示員工或客戶清單，通常包含頭像、姓名、聯絡方式等資訊，以便快速瀏覽和識別。

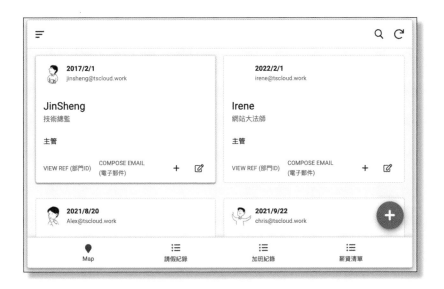

7 View type - gallery（圖庫）

　　通常用於展示圖片或視覺資料，以縮圖形式展示多個圖片或媒體檔案，供使用者瀏覽和選擇。

8 View type - map（地圖）

將資料以地理位置的形式呈現，比方說客戶資料，我們就可以在地圖上看到客戶的分布位置。

點選地圖上的客戶圖標就可以開啟該客戶的資料，進行刪除、編輯、開啟 Google map、打電話或傳訊息、進行路線導航等操作，對於業務人員來說拜訪客戶、建立客戶資料變得更加方便了！

範例 透過地圖快速新增客戶資料

① 若 View type 選為 map，AppSheet 會在右側自動顯示一個圖標按鈕，讓使用者可以透過圖標拖曳的方式來快速新增客戶資料。

② 將圖標拖曳到希望位置後放開。

③ 如果地址無需調整，可點選 V 按鈕，或是按 X 重新設定。

④ 新增客戶名稱、電話，確認或修改地址後按 Save，即可新增一筆客戶資料。

AppSheet 小教室

AppSheet 很貼心的地方在於，它會根據 Data 資料的類型，自動產生一些相對應的功能設定。舉例來說，如果 Data 有設定欄位 Type 是 address，在 Actions 中會產生 View Map（地址）的按鈕，如果 Data 有設定欄位 Type 是 phone，在 Actions 中會產生 Call Phone（電話）與 Send SMS（電話）的按鈕。

根據 Data 的欄位 Type，自動產生的 Action 按鈕。

同時這些按鈕也會自動顯示在詳細頁面的 View（View type 不需要選 map 也會有按鈕），開發者就不用再花時間去建立。

反之，如果不想要某些按鈕，可以在 Actions 介面中設定該按鈕不要顯示。

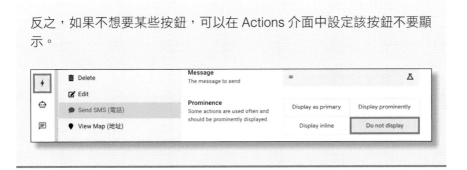

9 View type - chart（圖表）

可以使用各種圖表類型（例如折線圖、柱狀圖、圓餅圖等）來呈現數據的趨勢、分布或比例等資訊。

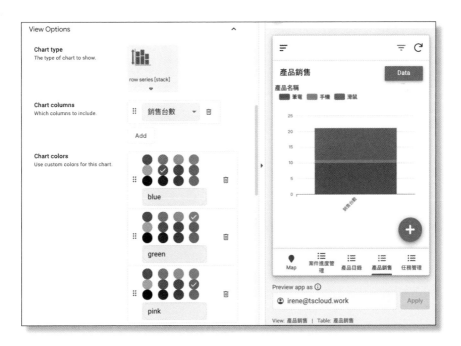

10 | View type - onboarding（引導介面）

通常在用戶首次使用應用程式或平台時顯示，以介紹功能、指引操作步驟等等。

Chapter 3

11 View type - detail（詳細資訊）

在應用程式中點選某一筆資料後，可以進入該筆資料的詳細資訊頁面編輯修改。AppSheet 會依照您所建立的 Data，自動產生詳細頁面的 View，列在左側選單中的 SYSTEM GENERATED 下方。

您可以點選要修改的 _Detail View，進一步客製化成您希望的顯示方式。（如下圖）

3-3 Format rules (格式規則) 功能說明

　　將滑鼠移動到 AppSheet 導覽列上的手機圖示時，您會看到「Views」和「Format rules」兩個選項。「Format rules」允許您為應用程式中的資料列定義格式規則，改變顏色、字體、大小和對齊方式，或根據數據列中的值自動添加符號等等，以突出重要的數據，或是讓數據更易於閱讀和理解。

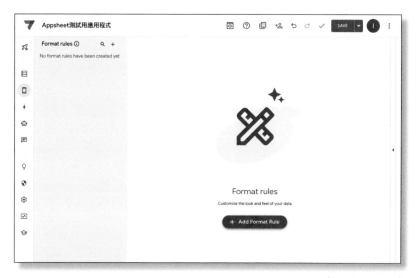

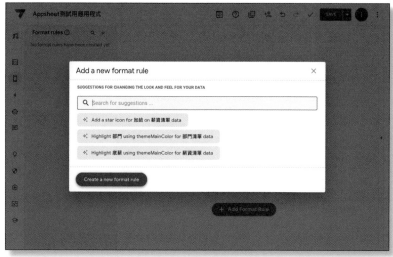

Format Rules 提供下列設定：

格式規則的名稱，
以便識別和管理。

這個規則適用於哪
一個 Table。

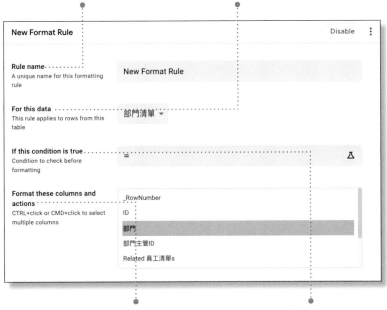

按住 CTRL 鍵（在 Windows 上）或 CMD
鍵（在 Mac 上）點擊以選擇多個要套用
的欄位。

套用格式的條件。

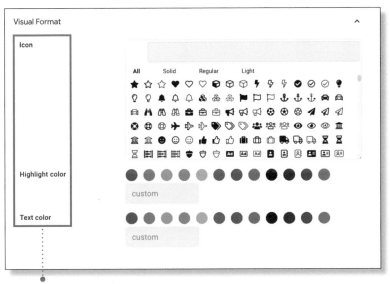

設定 Icon、Icon 的背景顏色、文字顏色。

設定文字樣式，例如粗體、
斜體等。

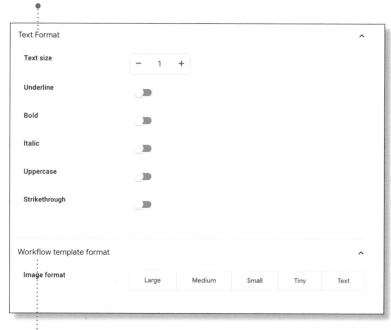

Workflow template 是指 AppSheet 自動化特定操作或觸發特定事
件的工作流程模板，像是發送電子郵件通知。這裡可以設定模板的
圖片格式。

以下是一些實際案例，可以幫助您更好地理解如何設定格式規則
的條件：

● **當數值超過或低於條件標準**

比方說設定條件為 [銷售額]>10000，當銷售額超過一萬時，將指
定欄位加上 icon 並變更文字顏色，這樣當某個產品的銷售額超過
預期時，可以清楚快速的判別。

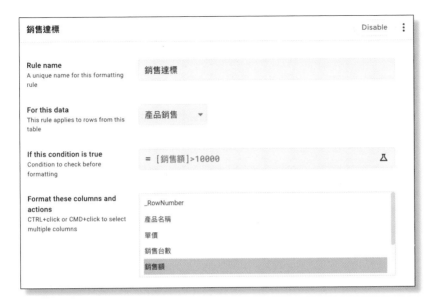

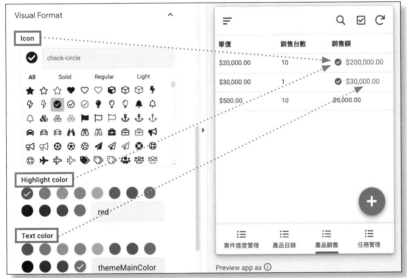

　　又或者您正在追蹤案件進度，就可以建立一個達標的 Format
rules，設定條件 [進度]>0.5 ，當進度大於 50% 時標示綠色 icon。
然後再建立一個未達標的 Format rules，設定條件 [進度]<=0.5 ，當
進度小於或等於 50% 時標示紅色 icon。

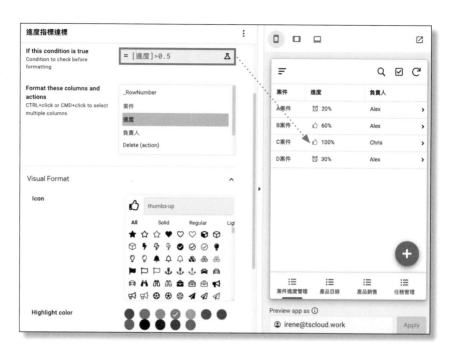

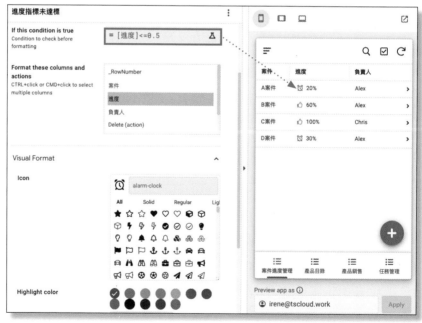

● **當日期超過期限**

比方說當截止日期已過時，設定條件如果 TODAY()>[截止日期]，就將日期的文字顏色改為紅色，就可以用比較醒目的方式來提醒使用者優先處理這些事務。

● **當文字包含特定關鍵詞**

比方說設定條件 [客戶類型] = "VIP" ，當客戶類型為 VIP 時，將字體顏色設定為綠色，並加上星形 icon，這樣就可以輕鬆地將 VIP 客戶與其他客戶區分開來。

3-4 活用 Slice 進一步篩選

如果您想讓不同使用者在同一個 View 中看到不同的內容，或是只能看到自己的資料，讓 View 變得更安全和個人化，可以按照以下步驟進行操作：

❶ 先在 AppSheet 的 Data 介面中新增一個 Slice。

❷ 在 Slice 設定篩選條件後儲存。

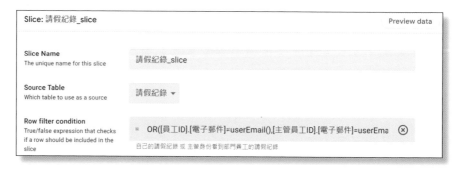

❸ 回到 View 介面，然後選擇您要設定的 View，在「For this data」下拉選單選取剛剛建立的 Slice 即可。

舉例來說，如果您想讓使用者只能看到自己的請假統計資料、銷售員只能看到自己的銷售紀錄，或是請款人只能看到本人的請款紀錄，都可以利用 Slice 將「Row filter condition」設定為下列表達式來篩選資料：[申請人] = USEREMAIL()

　　除此之外，Slice 還可以應用於其他情境，例如設定篩選條件為 [庫存數量] > 0，這樣只有庫存數量大於零的產品會顯示在該 Slice 中；或是設定篩選條件為 [日期] > TODAY() - 30，這樣只會顯示最近一個月內更新或新增的資料項目。

Slice 設定說明

● **Row filter condition**：點選「Create a custom expression」建立一個判斷函式。

範例

○ 若有一個欄位名為「Email」，則輸入 USEREMAIL()=[Email]，代表登入者只能看到對應自身 Email 的資料。

○ 若有一個欄位名為「類別」，則輸入 [類別] = " 電子產品 "，即可篩選出類別為「電子產品」的資料列。

○ 若有一個欄位名為「庫存數量」，則輸入 OR([庫存數量] > 100, [庫存數量] < 10)，即可篩選庫存數量大於 100 或小於 10 的資料列。

- **Slice Columns**：設定這個 Slice 需要包含的欄位。

- **Slice Actions**：在 Slice 上添加一個讓使用者能夠建立、編輯或刪除資料的按鈕。預設為 Auto assign，AppSheet 會自動給予必要的按鈕（比方說＋號按鈕，以便新增資料）。

- **Update mode**：設定使用者的修改權限。如果要限制使用者不能變動資料，可改為 Read Only。

完成 Data 和 View 的設定後，應用程式基本上已經完成了，如無特殊需求，即可進入第 6 章（見 P.116）直接開放給使用者使用。

AppSheet
操作指南

建立 Actions 按鈕

Chapter 4

4-1 Actions 介面介紹

　　AppSheet 提供直觀便捷的操作方式，透過建立 Actions 按鈕讓使用者可以快速執行像是新增、刪除這類常見的動作。比方說點擊按鈕便能快速開啟表單，新增或修改資料，又或是在需要審核的頁面中，設定同意、不同意的按鈕，讓審核人員可以輕鬆執行這兩個動作。

　　點選導覽選單中的閃電圖示「Actions」，進入 Actions 介面後，您會注意到在程式中已預設建立了一些常見的 Actions，如 Add、Delete、Edit 等基本的資料操作功能。設定說明如下：

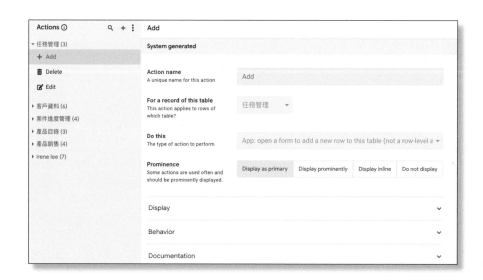

● **Action name**：Action 的名稱。

● **For a record of this table**：針對哪一個 Table 增加按鈕。

- **Do this**：執行什麼動作。（詳見 P.89 Do this 動作說明）
- **Set these columns**：執行動作時，指定更新特定欄位的值。
- **Prominence**：
  ○ **Display as primary**：按鈕會以大圖像顯示在選單列。

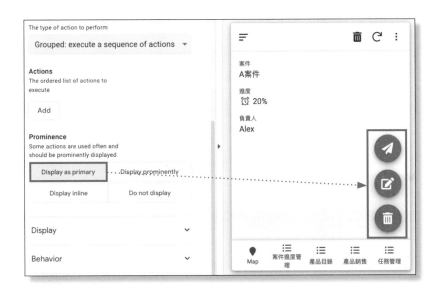

  ○ **Display prominently**：按鈕會顯示在表單頁面的最上方。

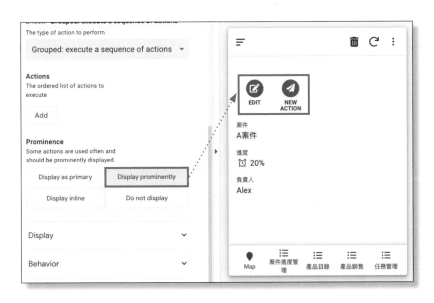

○ **Display inline**：小圖示，可顯示在指定欄位的右側位置。

○ **Do not display**：不顯示 Action 按鈕。

● **Display**：設定按鈕的顯示名稱、圖示。

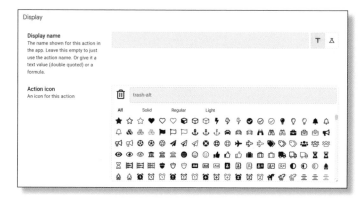

● **Behavior**：

○ **Only if this condition is true**：指定一個條件，當滿足指定條件時才會顯示按鈕。例如部門主管才看得到審核的按鈕。（詳見 P.91 實際範例說明）

○ **Needs confirmation?**：使用者按下按鈕後，是否要跳到確認視窗。

○ **Confirmation Message**：確認視窗要顯示的確認訊息。

表　Do this 動作說明

選項	設定
App: copy this row and edit the copy	複製一列資料並進行編輯
App: edit this row	編輯該列資料
App: export this view to a CSV file (not a row-level action)	將 View 的資料匯出為 CSV
App: go to another AppSheet app	從當前的應用程式跳轉到另一個 AppSheet 應用程式
App: go to another view within this app	在同一個 AppSheet 應用程式中，切換到另一個 View
App: import a CSV file for this view (not a row-level action)	將 CSV 檔案匯入到 View
App: open a form to add a new row to this table (not a row-level action)	開啟表單以新增資料，預設的「Add」Action 即為此設定
Data: add a new row to another table using values from this row	用這一列的值，自動在另一個 Table 新增資料
Data: delete this row	刪除該列資料
Data: execute an action on a set of rows	批次對多列資料執行動作
Data: set the values of some columns in this row	設定該行中某些欄位的值
External: go to a website	跳轉到指定的外部網站
External: open a file	開啟指定的檔案
External: start a phone call	撥打電話
External: start a text message	發送簡訊
External: start an email	發送郵件
Grouped: execute a sequence of actions	在單個觸發事件中執行多個動作

4-2 Actions 的實際運用

除了基本的新增、刪除、編輯按鈕之外,您也可以新增其他自定義的 Actions,例如發送郵件或簡訊通知、觸發自動化流程等等。請參考下方實例說明:

1 審核

假設我們要為加班紀錄設計一個供主管審核的按鈕,請先新增一個 Actions,並將 Action name 命名為「**批准**」。

在 Do this 選項中,選擇「**Data: set the values of some columns in this row**」,Set these columns 則選擇要設定的欄位(例如範例中的「審核狀態」),並將其值設定為 **= " 批准 "**。

注意!範例中的「審核狀態」必須是在 Data 資料表中就已經擁有此一欄位,此處才能夠設定「Data: set the values of some columns in this row」對其進行變更的按鈕操作。

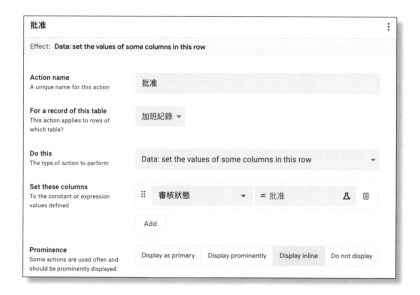

接著設定批准按鈕的顯示名稱及 icon 圖示。

由於我們上方 Prominence 是選擇 Display inline，因此這裡會多出
一個 Attach to column 的設定，可以指定按鈕出現在審核狀態欄位
的右側。

由於審核通常需要特定權限，因此在 Behavior 的地方，我們可
以撰寫表達式來限制，只有當登入者的 Email 帳號與擁有審核權限人
員的 Email 相符時才顯示審核按鈕。

點擊此處輸入表達式

範例 USEREMAIL()=[_thisrow].[主管員工 ID].[電子郵件]

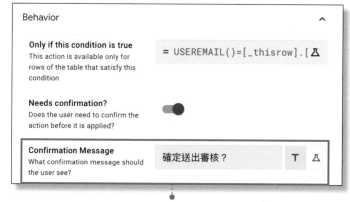

為了謹慎起見，我們還能設定當審核者點擊按鈕後要出現
確認視窗，讓審核者確認是否要執行批准動作。

接下來，將滑鼠移到剛剛設定的「批准」按鈕右側，會出現「⋮More」選項，點擊後選擇「Duplicate」進行複製。

複製之後，將 Action name 和 Display Name 改為「拒絕」，並在 Set these columns 中將「審核狀態」的值也改為 = " 拒絕 "，這樣就完成了拒絕按鈕的建立囉！

您也可以設定拒絕按鈕的顯示名稱及 icon 圖示。

如此一來，擁有審核權限的使用者即可透過點擊「批准」或「拒絕」按鈕來變更資料表中「審核狀態」欄位的值。

2 匯入

當需要處理大量資料，例如薪資紀錄或客戶名單時，手動一筆一筆新增的方式相當耗時，為了提高效率，我們可以使用「匯入」按鈕。

首先，建立一個 Action，Action name 命名為「匯入」。在 Do this 選項中，選擇「**App: import a CSV file for this view**」。

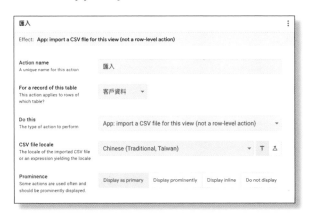

接著設定匯入按鈕的名稱與圖示。

這樣一來，使用者就可以透過點擊按鈕來匯入 CSV 檔案，日後的資料更新就更加方便快速了。

3 串連

在應用程式的畫面中，可以使用 Action 按鈕來實現不同應用程式或是不同 Views 之間的串連。選擇「**App: go to another AppSheet app**」，可以快速切換到另一個應用程式，選擇「**App: go to another view within this app**」則可以切換到同個應用程式的另一個 View。

首先，建立一個名為「跳去薪資清單的 view」（請自行命名）的 Action，然後 Do this 選擇「App: go to another view within this app」，並在 Target 中輸入表達式 LINKTOVIEW(view-name, [app-id])。

範例　LINKTOVIEW(" 薪資清單 ", "Appsheet 測試用應用程式 -4616711")
代表我們要連到 App ID 為「Appsheet 測試用應用程式 -4616711」的應用程式，底下名為「薪資清單」的 View。

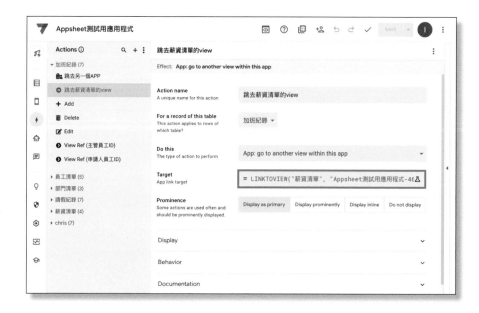

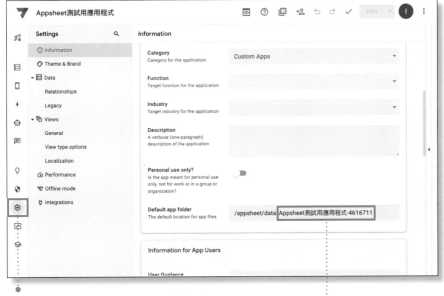

App ID 請到 Settings 的頁面中查看 ●·····································

　　這樣使用者在加班紀錄頁面中，便可以點擊「跳去薪資清單的 view」的按鈕，直接跳到薪資清單的 View。

如果您希望跳轉到另一個應用程式，如下圖所示，可以輸入 LINKTOAPP(app-name-or-id)。

範例　LINKTOAPP(" 工單管理系統 -poc1-4329714") 代表我們要連到 App ID 為「工單管理系統 -poc1-4329714」的應用程式。

Chapter 5

AppSheet 操作指南

建立 Automation
以實現自動化流程

5-1 Automation 基本介紹

自 2023 年開始，我們可以從 AI 盛行感受到智慧科技的魅力，許多耗費人力工時的事情如果改由程序來自動執行，不但能夠幫我們省下大幅的時間，更有助於減少錯誤機率。在 AppSheet 左側導航選單中，您會看到一個可愛的機器人圖示，名為「Automation」（又稱為 Bots），它的主要功能就是用於建立自動化流程，讓您的應用程式變得更加強大！

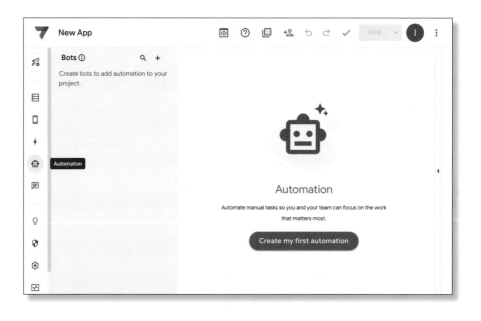

在 Automation 中我們需要定義希望 AppSheet 執行的自動化流程：**當某事件發生時，機器人會執行一系列的動作或步驟，而這些動作或步驟便組合成一個流程。** 因此在開始建立 Automation 之前，我們需要思考兩個要點：

❶ **Event（事件）**：先確定觸發整個自動化流程的條件是什麼。AppSheet 提供的觸發條件有兩大類，包括**資料異動**或是**時間觸發**，後面會針對 Event 有更詳細的說明。

❷ **Process（流程）**：當觸發條件出現時，要自動執行什麼流程，而這個流程可能是由一個或多個步驟所組成，例如執行「寄送信件」等特定任務，同樣在後面會有更詳細的說明。

點選加號按鈕「Create a new Bot」，即會進入 Bots 設定畫面。

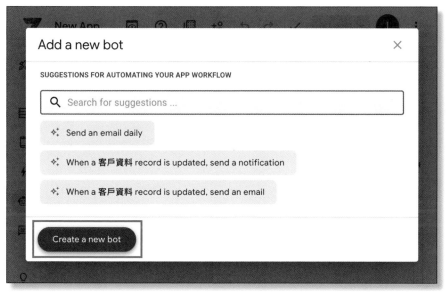

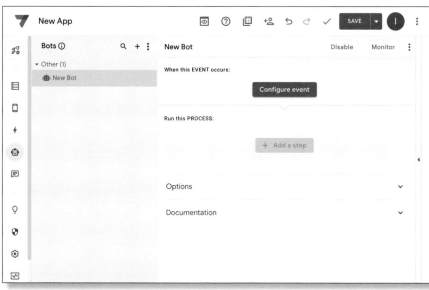

5-2 建立 Event 觸發事件

首先，在「When this EVENT occurs:」點擊「Configure event」的藍色按鈕。

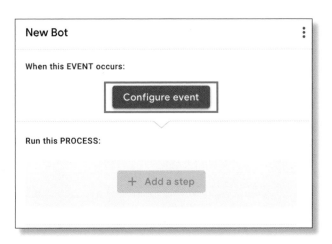

選擇「Create a custom event」後，於畫面右側的 Settings 區塊中進行觸發事件的設定。

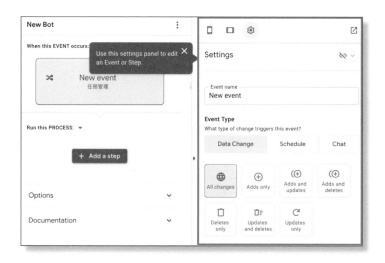

- **Event name**：命名事件的名稱。
- **Event Type**：選擇觸發此事件的條件因素。
- **Table**：指定要監控哪一個 Data Table 發生上述的資料異動情形。
- **Condition**：在特定條件滿足時才會觸發該事件。例如，當請假類別為「特休」時，才寄信給主管進行請假審核。

範例 [假別] = " 特休 "

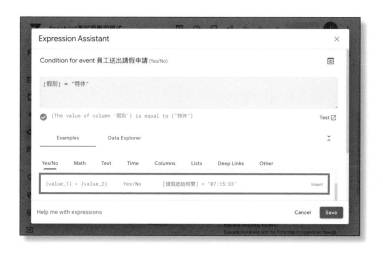

● **Bypass Security Filters?**：在 AppSheet 的 Security 介面中，可以設定安全篩選器，根據使用者的權限來限制他們能夠訪問的資料，但有時候我們在執行 Bots 可能需要考慮所有數據，而不受篩選條件的限制，即可啟用這項「繞過安全篩選器」的功能，讓 Bots 順利運行。

關於 Event Type 的選擇與設定

❶ **Data Change**：**當指定的資料表發生資料異動時觸發事件。**

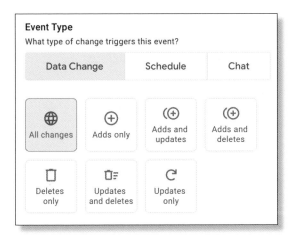

○ **All Changes**：無論是新增、更新還是刪除紀錄，只要資料表發生變更，就會觸發事件。

○ **Adds Only**：只有新增紀錄時才會觸發。

○ **Adds and Updates**：新增或更新時都會觸發。

○ **Adds and Deletes**：新增或刪除時都會觸發。

○ **Deletes Only**：只有刪除紀錄時才會觸發。

○ **Updates and Deletes**：更新或刪除時都會觸發。

○ **Updates Only**：只有更新紀錄時才會觸發。

❷ Schedule：定時定期觸發事件。

可以選擇 Hourly（每小時特定時間）、Daily（每日特定時間）、Weekly（每週特定天和時間）、Monthly（每月特定日期和時間）、Monthly by Week（每月特定週數和星期幾）等特定的週期來觸發事件。

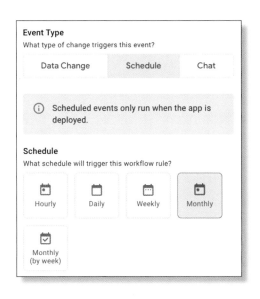

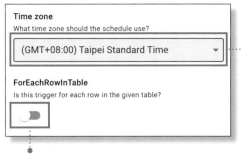

如果您在台灣，請將時區（Time zone）設 定 為「(GMT+08:00) Taipei Standard Time」，以便在正確的時間點觸發。

如果需要針對資料表中的每一筆資料進行個別處理或觸發相關動作，請勾選 ForEachRowIn Table，否則僅會整個資料表觸發一次。

❸ Chat：當聊天應用程式接收到特定的消息時觸發事件。

若要使用 Chat 作為觸發事件，需要先為應用程式設定聊天應用程式（關於 Chat app 我們在第九章有實戰指南篇專門介紹，詳情請參考 P.196）。啟用後，可以使用斜線命令和相關功能來觸發特定的操作或功能。

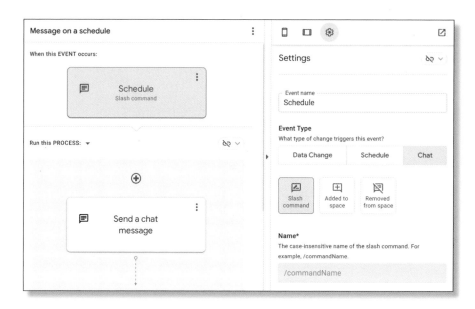

5-3 設定要執行的 Process

設定完 Event 之後，接下來要設定「當 Event 發生時要執行的 Process」，您可以根據需求建立一個或多個步驟。

請點選「Add a step」按鈕後，再選擇「Create a custom step」。

AppSheet 目前提供以下幾種 Process 類型：

❶ **Run a task**：最常用的類型，用來執行特定的任務，例如發送郵件、發送通知等。（詳見 P.111）

❷ **Run a data action**：針對某個 Table 資料表進行資料異動的
操作，例如新增或刪除一筆紀錄（row）或是更改指定欄位的
值。如下圖所示，我們可以指定當 Event 發生的時候，就將
「待辦事項」欄位的值變更為「已完成」。

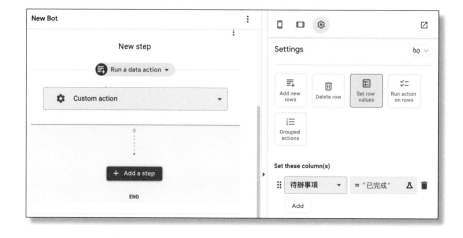

❸ **Branch on a condition**：設定條件。根據是否符合條件（Yes/ No）來執行下一個步驟，讓整個流程變得更加完善。

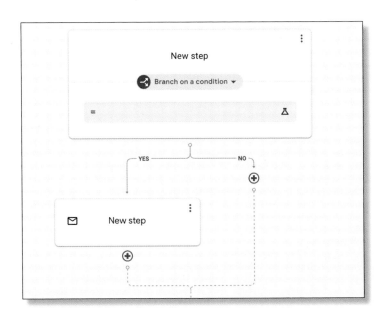

❹ **Wait**：等待，直到特定條件被滿足或指定的時間過去後，再執行下一個步驟。

❺ **Call a process**：呼叫其他已定義的 Process。（定義方式請參考 P.114 把 Linking 設定為 ON）

❻ **Return values**：設定回傳的數值或變數，以便在其他地方使用，通常如果有使用此步驟，會是整個 Process 的最後一個步驟。

當您選擇「Create a custom step」後，預設會是「Run a task」，在右側的 Settings 畫面中又有多種任務（task）類型可選，請選擇適當的任務類型並進行相應的設定。

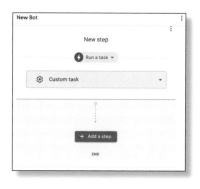

目前能選擇的任務類型有 7 種，包括：

❶ Send an email（發送郵件）

❷ Send a notification（發送手機應用程式或瀏覽器通知等）

❸ Send an SMS（發送簡訊）

❹ Call a webhook

❺ Create a new file（創建新文件）

❻ Call a script（ 呼 叫 Google Apps Script， 可 點 選 Sample scripts 查看官方說明）

❼ Send a chat message（發送訊息到 Google Chat）

在「Run a task」中最常用的任務是「Send an email」，例如當使用者提交請假申請時（Event），自動發送郵件給所屬部門的主管（Process）。

郵件內容的設定目前提供以下兩種選擇：

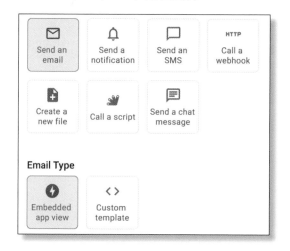

- **Embedded app view**：在 Gmail 中嵌入應用程式的 view，讓收件者可以直接在 Gmail 中查看 view 的內容，並與應用程式進行互動，例如主管可以直接在 Gmail 裡完成請假申請的審核，無需切換畫面登入應用程式。

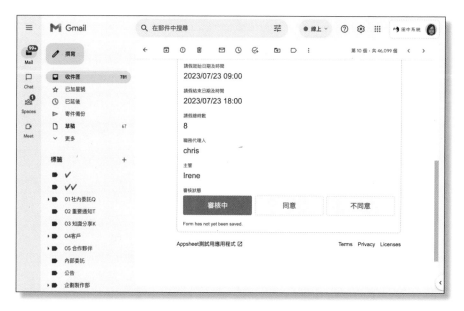

- **Custom template**：使用文字及 HTML 語法建立郵件範本，並將應用程式的資料以特定的格式和排版嵌入其中。

關於郵件的設定方式，詳細說明請見下圖標示。

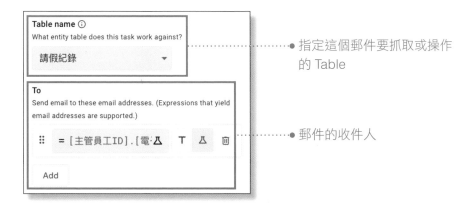

● 指定這個郵件要抓取或操作的 Table

● 郵件的收件人

可一一指定收件人，或是撰寫表達式自動抓取

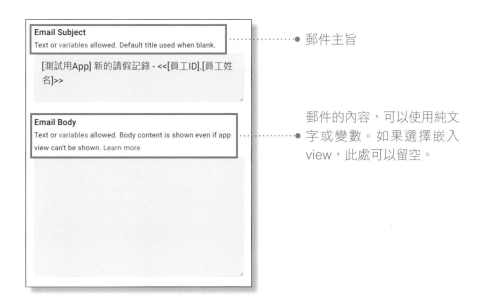

● 郵件主旨

郵件的內容，可以使用純文字或變數。如果選擇嵌入 view，此處可以留空。

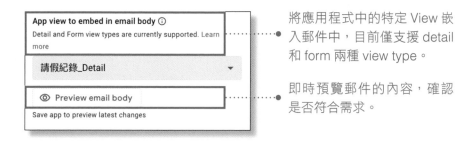

將應用程式中的特定 View 嵌入郵件中,目前僅支援 detail 和 form 兩種 view type。

即時預覽郵件的內容,確認是否符合需求。

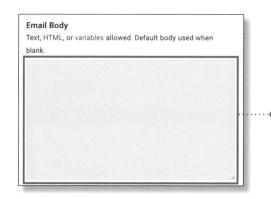

如果您選擇的是 Custom template,即可輸入文字、HTML 或變數來撰寫郵件,AppSheet 都有提供參考頁面說明。

完成所有步驟的設定後,如果這個 Process 有可能在多個 Automation 中重複使用,請點選開啟下圖中的 Linking 面板,把 Linking 設定為 ON,這樣可以節省時間並確保一致性。

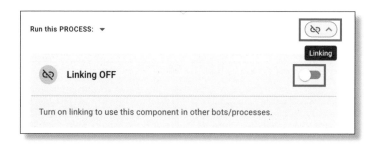

Chapter 6

AppSheet 操作指南

應用程式基本設定 與公開管理

在瞭解了主要的 Data、Views、Actions、Automation 設定之後，
AppSheet 還提供了其他功能，您可以在左側導覽列中找到以下選項：

Intelligence：透過模型學習，讓應用程
式變得更加智能。

Security：提供安全功能，包括用戶身
份驗證、數據加密和權限管理。

Settings：設置預設值、設定工作流程
和通知、設定數據源和外部連接等等。

Manage：佈署、管理和監控應用程式。

Learn：學習資源，包括文檔、教學視
頻、示例應用程式和社群論壇。

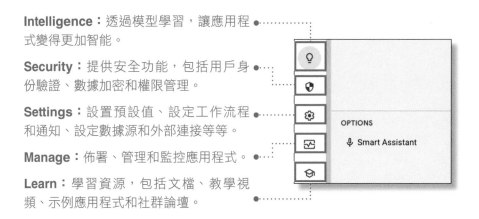

接下來，我們將逐一說明這些功能的使用方式。

6-1 Intelligence 智能模型學習

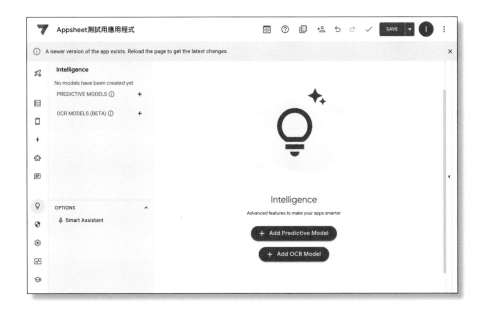

Intelligence 提供下列兩種主要功能「PREDICTIVE MODELS」
（預測模型）和「OCR MODELS」（圖像識別模型）：

❶ PREDICTIVE MODELS：使用機器學習模型進行預測和分
析，讓您能夠創建和訓練自己的預測模型。設定完成後，模
型將開始進行訓練，並將訓練數據暫存在 Google Cloud
Storage 上。（訓練時間根據數據量和複雜性而有所不同）
舉例來說，如果您有一份過往的銷售數據，如銷售日期、品
項、地點、價格、顧客來源等資訊，可以用來訓練預測模型。
那麼您只要為應用程式設置「PREDICTIVE MODELS」功
能，AppSheet 將能幫助您對於未來的銷售進行預測和分析。

為模型命名。

選擇一個包含足夠資料的 Table，
讓模型能夠學習和進行預測。

選擇您希望模型進行預測
的欄位。

為提高模型的準確性和預測能力，
可以提供與預測問題相關的欄位。

❷ OCR MODELS：目前處於 BETA 測試階段，設定完成後，模
型將開始進行訓練，以識別和提取圖像中的文字（訓練時間
根據數據量和複雜性而有所不同）。

例如使用者上傳發票圖檔後，OCR 模型會自動辨識發票號
碼、金額、日期等資訊，轉存為文字，可減少手動輸入的作
業，方便以後進行搜尋。

為模型命名。

選擇一個包含足夠資料的 Table，其中需包含圖像欄位。

選擇需要輸入圖像的欄位，讓模型能夠學習如何識別字符。

選擇將圖像識別後的文字資訊存儲在哪個欄位中。

　　由於智能模型學習是比較進階的功能，因此本書僅提供簡單說明，完整 Machine learning 資訊以及可能延伸的費用請參考 AppSheet 官方網站公告 https://support.google.com/appsheet/topic/10099794。

6-2 Security 應用程式安全性設定

透過安全性設定，您可以控制使用者的訪問權限，確保數據的安全性和隱私保護。

❶ **Require sign-in**：控制誰可以訪問您的應用程式，是否需要進行登入驗證。請注意，即便您取消勾選 **Require user signin?**，也不代表任何人都能訪問應用程式的任何頁面，假如該頁面有設定一些權限驗證，比方說唯有相對應的登入者 Email 才能查看或編輯，若沒有登入仍會報錯。

使用者必須先進行身份驗證才能訪問應用程式，以確保該使用者擁有使用權限。

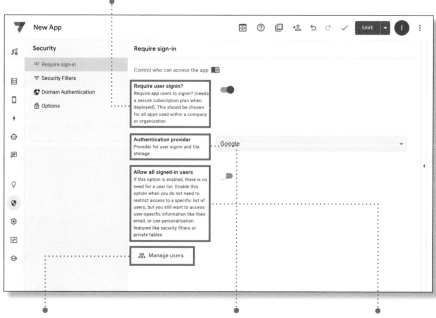

分享給指定的 Email 帳號。

可選擇不同的驗證來源進行登入（Google、微軟、Box、Saleforce 等等）。

開放給任何已登入的使用者。

❷ **Security Filters**：使用安全過濾器來限制使用者的訪問權限。
此功能目前僅開放給 AppSheet Core 以上版本使用。

範例 **數據的訪問限制**：假設您想要讓案件負責人只能訪問他們負責的客戶
數據，可以撰寫表達式，設定 <u>CONCATENATE([負責人],'@example.
com')=USEREMAIL()</u> ，使用者登入到應用程式之後，僅能看到與自己
相關的客戶數據。

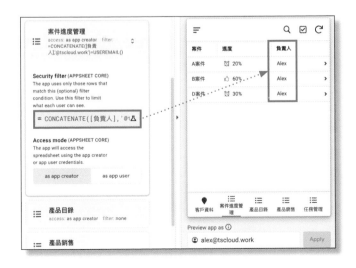

AppSheet 操作指南：應用程式基本設定與公開管理

範例 敏感數據保護：企業中的薪資數據和財務報表等敏感數據，一般來說
只允許管理層級或會計人資部門查看，可以撰寫表達式，例如
IN(USEREMAIL(), SELECT(員工名冊 [Email],[部門別]=" 會計部 "))。
前述表達式可以分成兩部分來理解：首先，使用 SELECT 函式，從員
工名冊中，篩選出所屬部門為會計部的成員的 Email 清單；接著使用 IN
函式及 USEREMAIL()，確認登入者的 Email 帳號是否出現在該清單中。
如果有，代表登入者是會計部的一員，才擁有查看數據資料的權限。

❸ **Domain Authentication：** 登入者的 Email 帳號必須與企業
Domain 相符，才能訪問應用程式。此功能目前僅開放給
AppSheet Enterprise 以上版本。

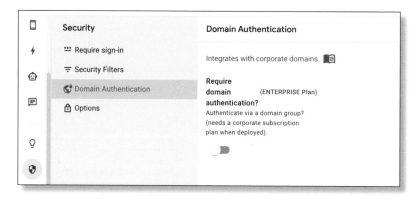

❹ **Options**：安全性相關的選項設定，由於選項較多，整理如下表。（版本限制請以官方公告為準）

選項設定	啟用功能
Encrypt device data	設備上儲存的資料將經過加密，此功能目前僅開放給 AppSheet Core 以上版本使用。
Secure PDF access	確保 PDF 只能在應用程式內部安全地查閱，此功能目前僅開放給 AppSheet Core 以上版本使用。
Secure Image access	確保圖片只能在應用程式內部安全地查閱，此功能目前僅開放給 AppSheet Core 以上版本使用。
Require Image and File URL Signing	若要在應用程式中訪問圖片和檔案的 URL，必須進行加密簽名，此功能目前僅開放給 AppSheet Core 以上版本使用。
Require user consent	要求使用者同意個人資訊收集。
Treat all data columns as Sensitive	將所有資料欄位視為敏感資訊，AppSheet 將增加對這些數據的存取控制，確保只有經過授權的使用者能夠查看這些數據。
Save images to gallery	將圖片保存到圖庫，使用者能夠在應用程式外部瀏覽圖片。

6-3 Settings 應用程式基本設定

在 Settings 介面中可以管理應用程式的基本資訊、外觀、Data 與 Views，以及效能和整合等設定。以下是包含的功能介紹：

1 Information

可查看或修改應用程式的詳細資訊、隱私政策和使用條款等。

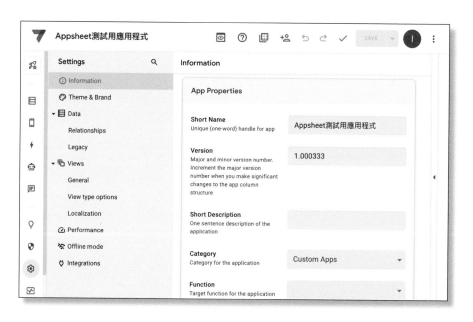

- **App Properties**：設定應用程式的名稱、版本、簡述、類別、目標功能、行業、詳述、是否僅供個人使用、預設應用程式資料夾位置。
- **Information for App Users**：設定應用程式的使用說明、隱私政策和使用條款。
- **App Documentation**：提供應用程式的相關文件資訊，例如目的和設計細節。

2 Theme & Brand

自訂應用程式的外觀，包括主題色系（亮色或暗色）、主要用色、logo、圖片、頁首頁尾設計，以及字體的字型和大小。

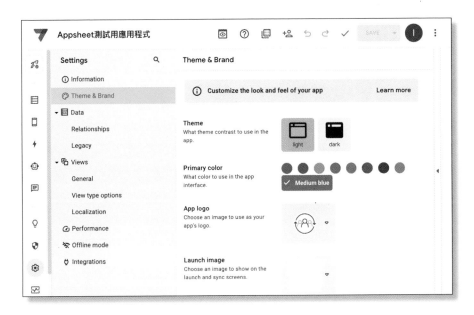

3 Data

- **Relationships**：可以快速查看 Data 資料表的資訊、我們做了哪些設定、使用者的權限等等。
- **Legacy settings**：涉及到如何處理空白內容的邏輯比較，有「傳統模式」（Legacy）和「兼容模式」（Consistent）兩種選擇。

舉例來說，如果您需要應用程式進行一些比較，像是判斷哪些產品的庫存量小於 1，在傳統模式下，客戶端（例如使用者的設備）與伺服器端（AppSheet 的運行環境）可能會產生不同的結果，唯有同步數據後結果才會一致。

然而在兼容模式下，無論是客戶端還是伺服器端，比較結果都是一致的。因此，選擇兼容模式可能是比較好的做法。（Google 也已表示將來會移除傳統模式）

4 Views

提供三大類 Views 的通用設定，以下將列表說明。

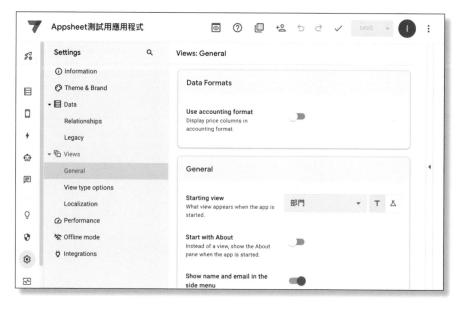

● **General**：包含所有關於 Views 的基本設定，如果沒有特殊需求，無須更改。

選項	功能設定
Data Formats	價格相關欄位是否採用會計格式，通常具有小數位數、貨幣符號等特點。
General	
Starting view	進入應用程式後預設顯示的 View
Start with About	是否預設顯示 About 面板
Show name and email in the side menu	是否在側邊選單中顯示使用者的名稱和電子郵件
Pull to refresh	是否允許行動裝置向下拖動以重新整理應用程式
Preview new features	是否預覽新功能佈署之前的預覽版本
Desktop mode (Preview)	預覽顯示為桌面瀏覽器畫面，若未啟用，右側預覽畫面將優先以手機顯示
Inputs	
Image upload size	設定圖片上傳大小
Save images to gallery	是否允許將圖片儲存到裝置設備的相簿
Allow image input from gallery	是否允許使用者從裝置設備的相簿上傳圖片
Allow scan input override	對於掃描輸入的值，允許使用者手動修改
System Buttons	
Allow five views in the bottom navigation bar	在底部導航列中允許顯示最多 5 個 Views
Disable share button	禁止使用者將應用程式連結分享給未授權者
Allow users to provide feedback	允許使用者提供回饋

● **View type options**：針對幾種 View Type 加以設定，如果沒有特殊需求，無須更改。

選項	功能設定
Dashboard View	Dashboard 儀表板中是否顯示主要操作按鈕
Detail View	
Detail style	View 的預設樣式，包括一般 / 置中 / 無標題 / 並排
Detail image style	單筆資料的詳細頁面（Detail view）中圖片的預設樣式
Include Show columns in detail views	單筆資料的詳細頁面中，顯示設定為「Show」的欄位
Nested row display	列表顯示的最大行數
Forms	
Form page style	表單頁面的顯示方式
Form style	表單輸入框的顯示方式
Hide form numbering	隱藏編號
Advance forms automatically	填寫後游標自動跳到下一個欄位
Apply show-if constraints universally	若勾選，所有類型的 Views 都能設定 show-if 條件；若不勾選，則只適用於 View Type 為「form」的情形。
Map View	
Use my Google Maps integration	與 Google Maps 我的地圖整合
Map pin limit	顯示的最大標記數量
Hide points of interest	取消地圖自動推薦周圍的餐廳、景點等地點

Table View	
Show column headers	頂部顯示欄位名稱
Keep original column order	AppSheet 中的排序不影響資料表順序
Right-align numeric columns	數值型欄位靠右對齊
Disable user sorting	一般可以點選標題來排序表格資料，但如果希望保持固定順序，可勾選此選項來禁用排序功能

● **Localization**：可以將程式內建的系統按鈕與通知文字更改為本地語言，例如將英文名稱改為中文名稱，方便辨識。

5 Performance

根據需求選擇同步方式，以獲得最佳效能。

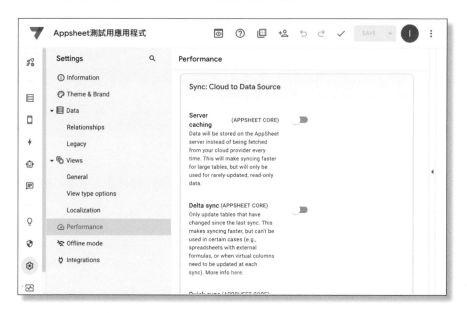

- **Sync: Cloud to Data Source**：將您從 AppSheet 應用程式中收集的數據保存在外部的數據庫中，也就是將數據從雲端同步到您的數據來源，此功能目前僅適用於 AppSheet Core 以上版本使用。

  - **Server caching**：數據存儲在 AppSheet 伺服器，而不是每次從雲端提取，適用於很少更新且僅供讀取的資料表，可以提高同步大型資料的速度。

  - **Delta sync**：僅更新上次同步以來有變化的資料表，可以節省同步的時間。

  - **Quick sync**：當使用者提交更新、對資料進行修改後，其他人可以立即看到這些更改，而不需要點擊應用程式頁面右上角的「Sync」同步按鈕。※注意，此功能必須在 Server caching 的選項被啟用時才能使用。

- **Sync: App to Cloud**：將您從 AppSheet 應用程式中收集的數據同步到 AppSheet 雲端，以便多人協作和查看，或是跨裝置看到同步數據。

  - **Sync on start**：每次啟動應用程式時即進行同步，確保使用者可以獲得最新的數據。

  - **Delayed sync**：僅在按下同步按鈕時才進行同步，讓使用者可以選擇在何時進行同步。

  - **Automatic updates**：當使用者在應用程式中更新資料時，將自動把這些更改發送到雲端，實現即時數據同步。

6 Offline Mode

啟用「The app can start when offline」讓使用者可以在離線時使用應用程式，並在網路連線恢復時自動同步資料。另外，如果啟用「Store content for offline use」代表會將應用程式的所有圖片和檔案下載到本地裝置設備中，以便在離線時使用。

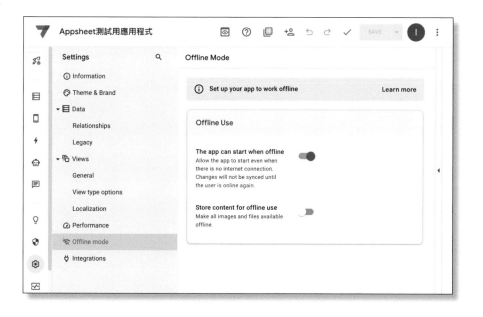

7 | Integrations

可與其他雲端服務進行整合，例如 Data Studio 和 Zapier。同時，您也可以與外部服務進行整合，如 Firebase、Google Maps、掃描條碼或 QR code 等等。

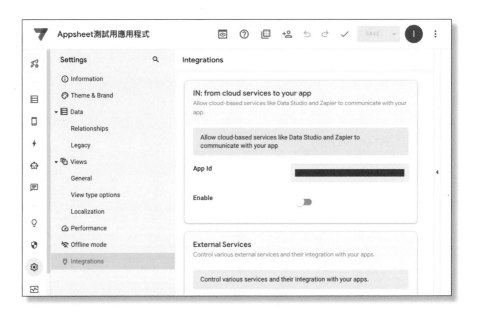

6-4 Manage 佈署、版本控制、監控

在 Manage 介面中，提供了四個主要功能：Deploy（公開佈署應用程式）、Versions（版本紀錄）、Monitor（監控）和 Collaborate& Publish（協同合作和發佈）。

1 Deploy（公開佈署應用程式）

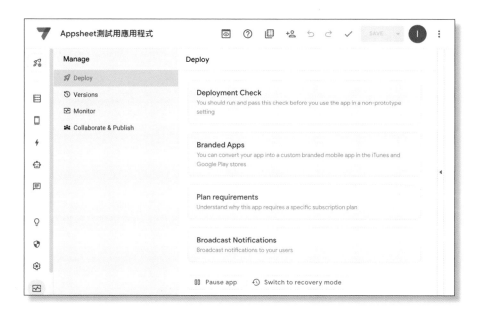

在將應用程式公開使用之前，可以進行「Run deployment Check」檢查，確保應用程式運行正常且沒有錯誤。

同時，您可以點擊「Analyze app features」按鈕來了解應用程式所需的 AppSheet 版本要求。

如果您想將應用程式發佈到 iTunes 和 Google Play 商店，需要購買相應的方案並啟用 Branded Apps。

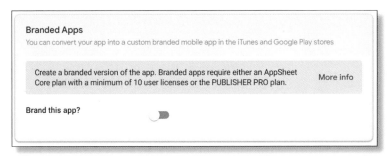

此外，您還可以在這裡設定 Broadcast Notifications，向使用者發送廣播通知。

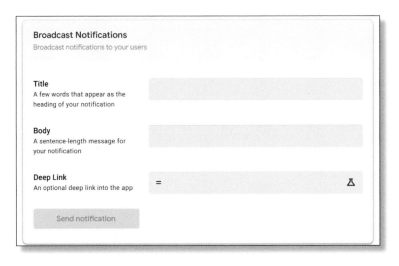

2 Versions（版本紀錄）

應用程式的版本紀錄。開發者可以點擊「Get version history」藍色按鈕開啟目前已儲存的版本清單，並點擊您希望進一步查看的版本前方的「View」按鈕，即可將應用程式回到該版本。

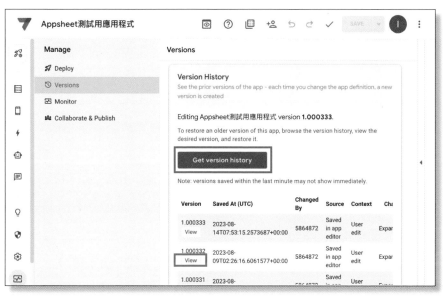

注意！查看完畢後，請再次回到 Versions 頁面，確認是否回復到舊版本（**Restore (make this version current)**），或是切換回最新版本（**View current version**）。

3 Monitor（監控）

- **Automation Monitor**：可以追蹤自動化的執行情況和指標。
- **Usage Statistics**：檢視應用程式的實際使用情況。
- **Audit History**：如果使用 Enterprise 或更高版本可設定發生錯誤時收到通知。
- **Performance Profile**：可以使用性能分析器了解和調整同步操作的性能。

Chapter

6

4 Collaborate & Publish（協同合作和發佈）

在此頁面共同開發者可以發起應用程式所有權的轉移請求。如果需要團隊合作，您可以將應用程式設定為公開範本（public sample）或團隊範本（team sample）。此外，底部還提供了「Copy App」和「Delete App」按鈕，讓您可以複製或刪除應用程式。由於涉及整個應用程式的所有權，請注意謹慎使用這些功能。

前面六個章節帶領讀者們認識 AppSheet 的操作介面與設定之後，接下來我們將進入實戰篇的章節，本書將以更多實際的範例來協助您創建或調整自己專屬的應用程式。

Chapter 7

進入
AppSheet
實戰之前

鳌清 Workflow
工作流程

在開發 AppSheet 應用程式之前，確保 Table 中涵蓋了 Workflow（工作流程）需要的所有欄位是一件非常重要的事。然而，需要哪些欄位取決於應用程式的功能和使用者的需求，因此沒有標準答案。我們可以從下列角度來進行思考：

- **設定目標**：製作應用程式的目標是什麼？為了提高效率、減少錯誤、管理數據還是加強團隊協作？

- **分析現況**：審視自己的工作方式和業務流程，找出影響效率的因素和需要改進的地方。評估哪些工作是耗時且不必要的，並思考哪些流程可以進行優化或自動化。

- **架構評估**：根據公司需求來評估需要的資料檔案有哪些，是否可以進行合併或關聯，以及是否需要權限控制等功能。

- **收集意見**：除了從開發者的角度思考，也可以詢問相關人員的意見。了解他們的痛點、需求和期望，以找出最適合團隊成員的工作流程方案。

以下列出一些 Workflow 的範例，可協助讀者構思您的企業流程是否有利用 AppSheet 改善的可能性。

- **事務批准**：使用 AppSheet 打造申請流程。當員工提交申請，主管可以透過 AppSheet 應用程式接收通知、查看申請內容，並進行審核、批准的操作，或是留下評論和建議。主管回覆之後，系統自動發送通知給相關人員，例如員工本人和管理部門。

- **進度管理**：使用 AppSheet 的表單和報告功能，只要成員或管理者透過表單頁面建立任務，由應用程式產出任務列表，讓團隊成員能夠查看分配給他們的任務、追蹤和更新任務狀態並添加評論。同時，定時或不定時產出任務摘要之類的報告，有助於監控整個團隊的工作進展。

Chapter

7

- **資產追蹤**：使用 AppSheet 建立表單，或是具備條碼、QR code 掃描功能的應用程式，當資產借出或歸還時，員工可以使用應用程式來記錄相關資訊，也方便相關部門隨時查詢和追蹤資產的狀態和位置。
- **訂單管理**：使用 AppSheet 的通知功能，自動發送提醒通知相關的工作人員。人員可以進入應用程式查看待處理的訂單、更新訂單狀態、添加備註或回饋等等，也可以設置定時或不定時產出報告。
- **客戶管理**：使用 AppSheet 建立表單來記錄客戶資訊及客服問題紀錄，並通知特定的人員來處理，以利後續追蹤。同時也能生成客戶服務的摘要報告，列出已解決問題的數量、平均解決時間等，有助於評估客戶滿意度和改進服務等等。

具備 Workflow 的概念之後，我們要將這個流程繪製出來，才能更好的規劃工作表的內容及其關聯性，最後運用 AppSheet 來開發符合 Workflow 需求的應用程式。

7-1 繪製 DFD 資料流程圖

Data Flow Diagram（DFD），中文稱為資料流程圖，用於表達資料從哪裡來（input）、到哪裡去（output）、儲存在何處。如果我們能夠先將資料的流動方向畫出來，有助於釐清在過程中需要哪些資料、需要什麼 Process 處理程序、資料傳遞給誰、是否存在盲點或問題等等。以下將以加班申請為例說明。

首先，我們可以用文字描述大致的需求：「申請人填寫加班申請單。系統收到加班申請資料後，發送審核通知給主管。主管審核後，系統再發送審核結果給申請人。」

然後，即可根據這段文字畫出 DFD 資料流程圖：

接著進一步找出需要處理的 Process 程序，畫出主要功能：

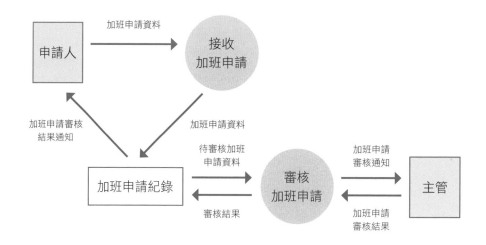

繪製的過程中您可能會發現額外的需求，比方說希望加入自動計算加班費的功能，透過繪製慢慢的讓流程趨於完善。

錯誤示範

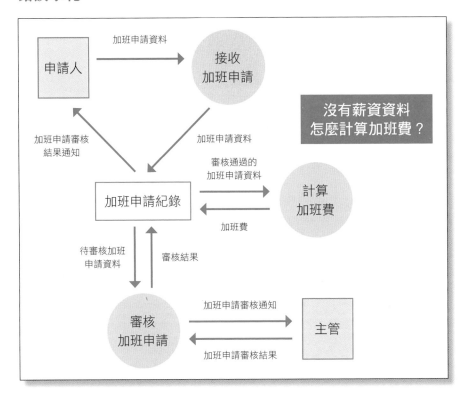

正確示範

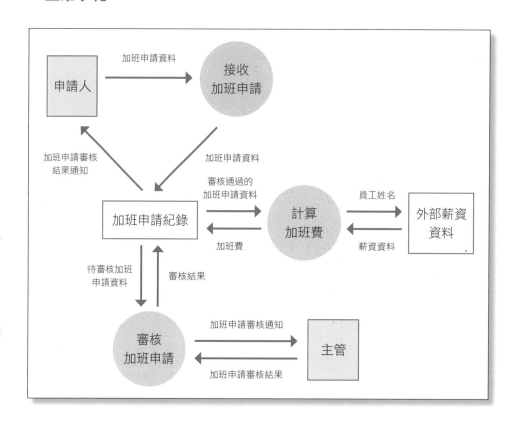

值得注意的是，DFD 資料流程圖的繪製有一些要注意的基本事項。例如在 AppSheet 中**資料的輸入與輸出，必須經由 Process 處理程序來產出和傳遞**，當使用者透過 AppSheet 應用程式輸入資料時，不會直接憑空變成紀錄資料，在這背後會經過程式的處理、計算、整理等等，但因為看不見，繪製流程圖的時候容易忽略掉此一環節，所以請特別注意，資料輸入與資料產出之間，務必加上程式處理的步驟（下圖以藍色圓圈標示），可參考以下範例：

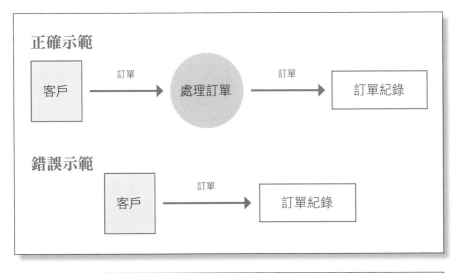

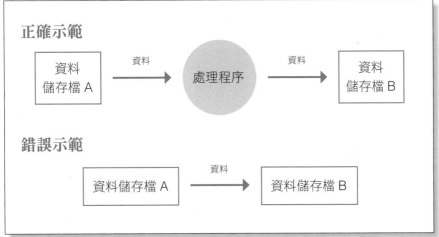

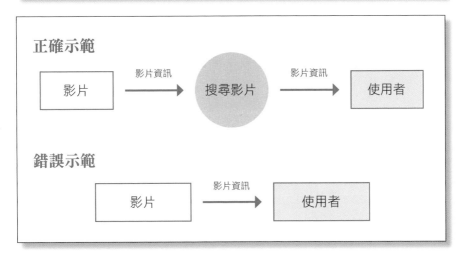

其次，每個 Process 處理程序**如果有資料流入，必定會有資料流出**。如果只有資料流入而沒有資料流出，代表這個 Process 可能沒有存在的必要性。

正確示範

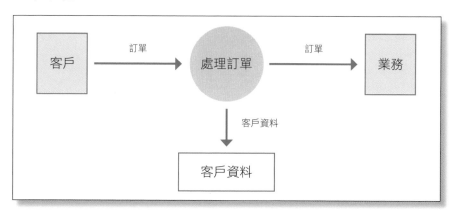

錯誤示範

透過 DFD 資料流程圖的繪製，您是否更清晰地理解流程中的資料需求和處理過程了呢？接下來，我們將進入工作表（以 Google 試算表為例）的規劃階段。

AppSheet 可以使用 Google 試算表、Excel、Cloud SQL、Salesforce 等作為資料來源,讓您能夠直接連結現有的資料,並以此建立應用程式,不需要另外準備資料庫。換句話說,**這個資料來源就是 AppSheet 應用程式背後的「資料庫」。**

雖然可以使用現有的資料來源直接建立應用程式,但如果能將資料加以整理與規劃、根據「關聯式資料」的概念來設計,定義有哪些資料需要儲存、儲存到哪些工作表中,這將有助於日後的資料更新,管理才會更加高效、輕鬆。

因此我們畫出前述的 DFD 資料流程圖、釐清流程與需求後,下一步是**建立試算表檔案,並思考需要哪些欄位資訊,將其全部列出後再進行工作表的拆分。**

每個欄位的存在都有其原因。它們可能用於保存特定資料紀錄或在程式執行自動化流程時使用。舉例來說,當員工提出申請時,我們希望系統能自動發送電子郵件通知主管進行審核。為了實現這一功能,我們需要一個能夠查找主管電子郵件資訊的欄位,這樣程式才能知道該發送給誰。同樣地,如果我們希望系統自動計算員工的剩餘年假天數,我們需要在資料中包含每位員工的到職日期欄位。

在列出所有欄位後,我們可能會發現某些資料適合以關聯性的方式處理,將其放置在另一個工作表中。舉例來說,與部門相關的欄位可以移至「部門清單」工作表中。這樣一來,每當新增一位員工時,就不需要手動輸入部門名稱、主管以及主管電子郵件等重複的資料,從而節省時間。

總而言之,在規劃工作表時,請先考慮以下兩個因素:

1 是否有共用資料，可透過關聯性讀取？

所謂**「關聯式資料」是將資料拆分成不同的工作表（Relation Table），再建立表與表之間的關聯。**這樣做的好處是可以共用資料，並透過關聯性來讀取相關的資訊。

舉例來說，一個學校管理系統的資料庫可能包含學生表、課程表、成績表等不同的工作表，這些表之間可以透過共同的欄位（如學生 ID）來建立關聯。當需要查詢某個學生的成績時，系統便能透過這個學生的 ID 在不同表之間進行聯繫，以獲取相關的資訊。

關聯式資料設計的最大優點是「資料集中管理」，避免資料重複或發生錯誤。當資料內容要更新時，只需在一個工作表中進行變更即可。

舉例來說，假設有兩個不同的 AppSheet 應用程式，分別是【加班申請】和【請假申請】，它們都需要使用到【員工清單】的資料。如果我們沒有運用關聯式資料的概念來存放資訊，當有員工資料變更時，需要分別更新【員工清單】、【加班紀錄】、【請假紀錄】三個工作表，甚至更多，這不僅效率低下，也容易出現資料錯誤。

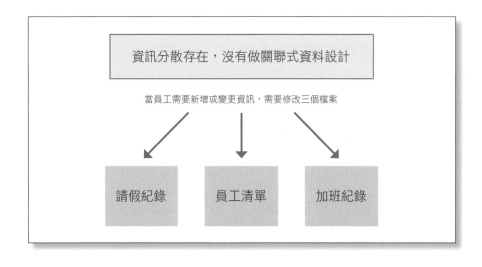

正確方法是將員工資料統一放在【員工清單】中，然後【加班紀錄】和【請假紀錄】的工作表則透過關聯性去抓取【員工清單】的資料。當員工需要新增或修改時，只需修改【員工清單】的工作表，【加班申請】和【請假申請】的應用程式便能使用更新過後的資料。

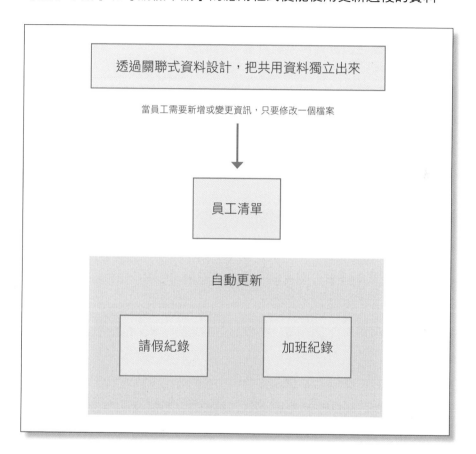

2 是否正確區隔 Master 與 Transaction？

在資料庫設計中，我們應該將 Master Table（主表）與 Transaction Table（交易表）區隔開來，以確保資料的正確性和整潔性。

Master Table 通常用於儲存較少變動的資料，例如員工的基本資料。而 Transaction Table 則用於儲存易變動事件。

另一個重要的判斷依據是「資料產生的先後順序」，通常會先建立 Master Table 中的資料，例如客戶資料，而客戶的訂單紀錄則儲存在 Transaction Table 中。

由於 Master Table 和 Transaction Table 儲存的資料類型與變動頻率不同，**設計資料庫時應避免將這兩種不同性質的資料混合在同一個表格中，以免造成資料混亂或重複等問題。**

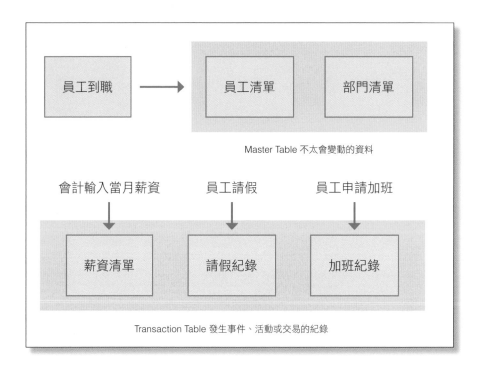

規劃好工作表之後，請重新審視、確認與您的 Workflow 相符，既沒有遺漏，也沒有重複。當然，**如果您的應用程式需求是簡單的，可以省去規劃階段直接開始製作應用程式，但如果您的需求較為複雜，那麼事前的準備工作越充分、越完善，後續應用程式的製作與推行就會更加順利。**因此，建議在規劃時多花些心思，才能事半功倍。

此外，Workflow 需要經過反覆測試和驗證，相關人員也需要學習並確實地使用應用程式，才能提供正確的反饋，這樣開發者才能進行必要的調整和優化，以確保應用程式能夠順利使用。

Chapter 8

AppSheet 實戰
請假／加班／薪資 辦公應用程式

本章將詳細介紹我們為您準備的範例，透過一步一步的操作和微調，將能擁有專屬於您公司的請假、加班和薪資計算應用程式，讓員工不再需要親自遞交申請單、等候主管簽核，或是在多個部門之間奔波。員工只需進入應用程式，輕鬆點擊滑鼠，即可快速完成請假和加班申請；而主管也能夠透過電子郵件輕鬆審核並掌握部門員工的請假和加班狀況。

除此之外，人力資源和會計部門將是受益最大的部門。不再需要人工記錄和整理申請單，程式會自動從請假和加班應用程式中提取所需的資訊（例如 A 員工的請假總時數），並根據設定的公式自動計算當月薪資。這大大提高了發放薪資的效率，同時降低了人工處理的錯誤率。

由於請假、加班、薪資計算互有關聯，也都需要讀取員工與部門資料，因此我們將這三個應用程式集中在同一章節說明，雖然本章篇幅較長，但只要跟著以下流程來進行即可：

❶ 輸入網址 https://reurl.cc/x6kerV 或是掃描 QR Code，開啟範例「AppSheet 測試用應用程式」試算表。

❷ 建立試算表副本。將試算表檔名改為您希望的應用程式名稱，並根據您的應用程式規劃，初步修改或增減試算表的欄位。

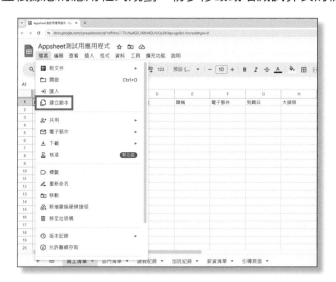

❸ 從試算表建立 AppSheet 應用程式（參考 P.22），將工作表
一一加入 AppSheet Data 之後，再參考本書來修改所有欄位
設定。由於書中會提到許多表達式的撰寫，我們也會將表達
式整理在雲端硬碟 https://reurl.cc/x6kerV，方便讀者複製與
修改。

❹ 依照使用習慣和工作流程，設定您希望呈現的應用程式頁面，
無須完全照著書中範例來設定。更多 View 設定教學可參考第
三章（P.50）。

❺ 最後您可決定是否要建立 Actions 按鈕及 Automation 自動
化。如無特殊需求，可直接進入測試與公開應用程式的階段。
但 AppSheet 最大的優點在於製作應用程式來提高辦公效率，
還是會建議讀者透過 Actions 及 Automation 讓應用程式使用
上更加便利、自動、快速。

8-1 應用程式的規劃

　　根據第七章的概念，首先，讓我們思考製作應用程式的目的是什麼。假設最終目標是自動化薪資計算，我們就需要收集員工的個人資料、請假時數和加班時數，然後製作三個應用程式：請假申請、加班申請和薪資計算。

　　那麼請假、加班與薪資計算時，都會共同需要的資料有哪些呢？基本上會需要員工的識別 ID、姓名和電子郵件，也可能需要員工的到職日來計算年資和年假，或是員工照片以方便識別。

　　其次，在請假或加班時，通常需要主管審核，因此我們需要知道該員工所屬的部門和部門主管是誰。

　　最後，在審核或薪資計算時，通常只有部門主管能夠審核，或只有人資／會計部門可以查看薪資。因此，我們需要記錄每位員工的職位／職稱，這樣才能根據這些條件進行權限判斷。

　　在上述前提下，本書提供的 Google 試算表範例包含五個工作表，分別為員工清單、部門清單、加班紀錄、請假紀錄和薪資清單，可以根據您的應用程式規劃以及實際使用需求，自行刪除不需要的欄位，但請注意，**每個工作表都需要保留一個用於識別的 ID 欄位**，像是員工 ID、部門 ID 等等。

STEP 1 設定【員工清單】工作表

在試算表第一列填入需要的欄位，可能包含：ID、員工姓名、部門 ID（用於抓取【部門清單】資料）、職位、職稱、電子郵件、到職日和大頭照。

STEP 2 設定【部門清單】工作表

【部門清單】相較於其他工作表，內容是最為簡單的，僅包含 ID 和部門名稱兩個欄位。

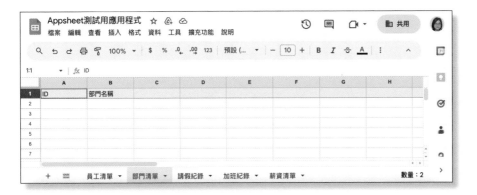

STEP 3 設定【請假紀錄】工作表

由於需要進行審核並與薪資計算相關，因此該工作表包含了多個欄位，包括：ID、員工 ID（用於抓取【員工清單】資料）、請假申請時間、請假起始日、請假起始時間、請假結束日、請假結束時間、請假總時數、假別、請假事由、審核狀態、職務代理人 ID（用於抓取【員工清單】資料）、主管員工 ID（用於抓取【員工清單】資料）和最後更新時間。

STEP 4 設定【加班紀錄】工作表

與【請假紀錄】類似，【加班紀錄】也需要進行審核並與薪資計算相關，因此在這個工作表中，我們需要記錄以下欄位：ID、申請人員工 ID（抓取【員工清單】資料用）、加班申請時間、加班日期、加班起始時間、加班結束時間、加班事由、加班時數、主管員工 ID（抓取【員工清單】資料用）、審核狀態和最後更新時間。

STEP 5 設定【薪資清單】工作表

　　由於我們將利用程式自動抓取其他工作表的資料並自動計算薪資調整，因此【薪資清單】工作表所需的欄位相對較少。該工作表包括以下欄位：ID、員工 ID（抓取【員工清單】資料用）、年份 / 月份（可透過公式自動填入）、底薪、加給、休假扣薪（程式自動計算）、加班費（程式自動計算）。

　　在設定完工作表後，即可建立 AppSheet 應用程式並進入 Data 介面進一步設定細節。

8-2 設定 Data 資料源

STEP 1　先將五個工作表都加入應用程式後，再來逐一設定每個工作表的欄位細節。

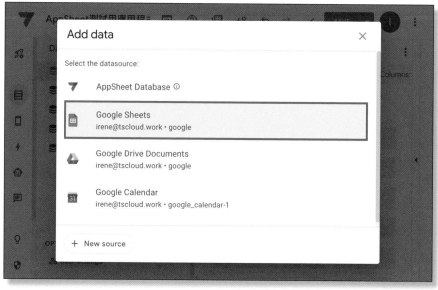

STEP 2 設定【員工清單】欄位細節

您可以直接修改欄位內容，或者點擊欄位前面的鉛筆圖示以開啟更多詳細設定。

請記得在修改完畢後點擊右上角的「SAVE」按鈕進行儲存。

由於每個欄位能夠設定的選項有很多，不易用圖片呈現，後續將改用表格顯示。最後面的 DESCRIPTION、SEARCH?、SCAN?、NFC?、PII? 等欄位，若沒有特殊需求，一般情況下無需特別設定，因此在這裡不再詳述相關設定。

NAME	TYPE	KEY?	LABEL?	FORMULA	SHOW?	EDITABLE?	REQUIRE?	INITIAL VALUE
_RowNumber	Number							
ID	Text	✓				✓	✓	UNIQUEID()
員工姓名	Name		✓		✓	✓	✓	
部門 ID	Ref				✓	✓	✓	
職位	Enum				✓	userrole()="admin"	✓	
職稱	Text				✓	✓	✓	
電子郵件	Email				✓	✓	✓	
到職日	Date				✓	✓	✓	
大頭照	Image				✓	✓	✓	

說明

● **_RowNumber**：自動帶入，無須修改。

● **ID**：用於識別員工的主鍵，必須是唯一值，因此需要將 KEY 勾選起來。之後再取消勾選 SHOW，以避免在頁面中顯示，防止使用者誤改。

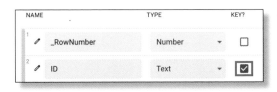

在 INITIAL VALUE 欄位中輸入 UNIQUEID() 公式,這將使得每次新增一筆員工資料時,自動填入一個八位數的英數混合亂數作為員工 ID,確保其獨一無二,減少重複的可能性。

NAME	TYPE		KEY?	LABEL?	FORMULA	SHOW?	EDITABLE?	REQUIRE?	INITIAL VALUE
_RowNumber	Number	▼	☐	☐	=	☐	☐	☐	=
ID	Text	▼	☑	☐	=	☐	☑	☑	= UNIQUEID()
員工姓名	Name	▼	☐	☑	=	☑	☑	☑	=

● **員工姓名**:如果勾選 LABEL,當其他表格需要抓取這個員工清單的 KEY(通常是識別用的 ID)時,在應用程式頁面上將會顯示對應的員工姓名,而不是員工 ID,姓名會比較容易辨識。

● **部門 ID**:此處是用來抓取【部門清單】的資料,請點擊欄位前方的鉛筆圖示,Type 選擇 Ref,Source table 選擇【部門清單】的 Table 或 Slice(Slice 請參考 P.82)。

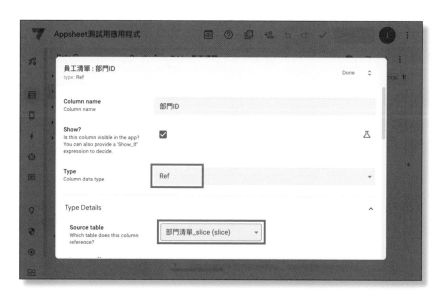

※ 雖然這個欄位是部門 ID,但在 P.163【部門清單】中我們會將部門 ID 設定為 Key、部門名稱設定為 Label,因此使用者在應用程式中會看到部門名稱,而不是部門 ID,這裡設定 Display Name 為 " 部門 " 或 " 部門名稱 " 比較適當。

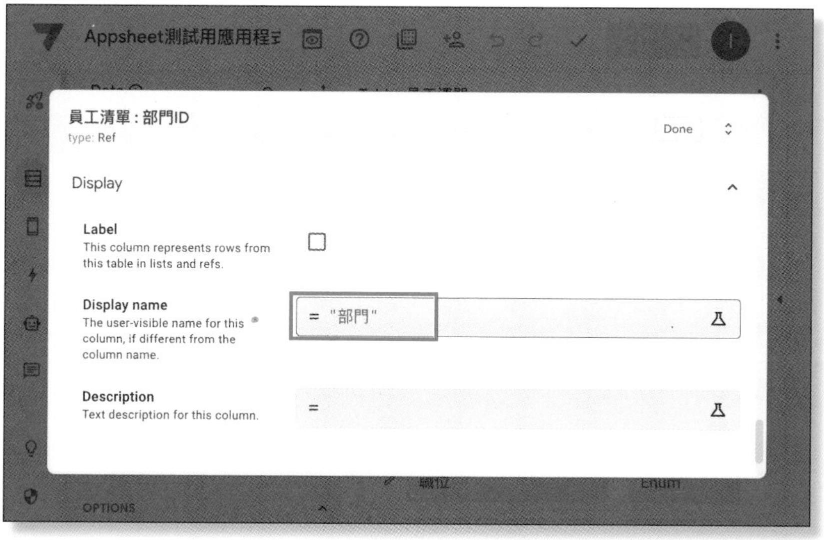

● **職位**：請點擊欄位前方的鉛筆圖示，將 Type 選為 Enum，並在 Values 中新增選項，比方說主管、一般職員，Input mode 可以設定 Buttons，這樣新增員工資料時，即可點擊按鈕選項來快速設定員工的職位。

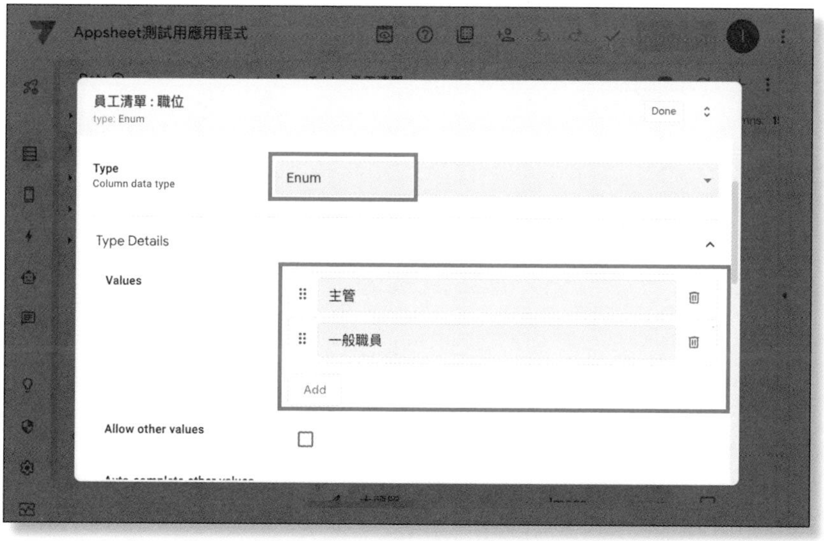

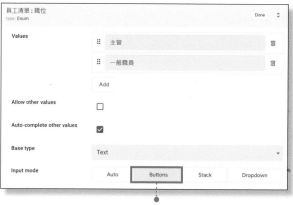

如果選項不多，可以將 Input mode 設定為 Buttons，但如果選項較多，則使用 Dropdown 下拉選單會比較適合。

在應用程式預覽畫面中，職位的選項會以按鈕方式呈現，使用者可以點擊按鈕來快速填寫，更加直觀方便。

　　此處比較特別的地方在於，因為職位將會影響到後續的一些權限設定，所以在 Update Behavior 的 Editable？中可編寫表達式 userrole()="admin"，限定只有應用程式的管理者才能變更此欄位的狀態（意即修改員工的職位）。

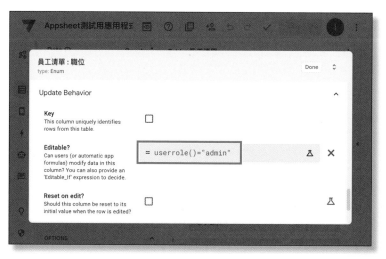

● 職稱：跟職位相比，職稱可能會有更多的變化，因此不太適合使用 Enum 或 EnumList 預先設定選項。在這種情況下，您可以選擇 Type 為純文字的 Text，自由輸入職稱資訊。

STEP 3 設定【部門清單】欄位細節

NAME	TYPE	KEY?	LABEL?	FORMULA	SHOW?	EDITABLE?	REQUIRE?	INITIAL VALUE
_RowNumber	Number							
ID	Text	✅				✅	✅	UNIQUEID()
部門名稱	Text		✅		✅	✅	✅	
部門主管ID（virtual column）	List			select（員工清單[ID],AND([部門ID]=[_thisrow].[ID],[職位]="主管"),true)				

說明

● **_RowNumber**：自動帶入，無須修改。

● **ID**：與【員工清單】相同的作法，勾選 KEY，INITIAL VALUE 則輸入公式 UNIQUEID()，然後取消勾選 SHOW。

● **部門名稱**：前面的【員工清單】中有一個欄位是「部門 ID」，由於這裡勾選部門名稱為 LABEL，因此在應用程式中【員工清單】的頁面會顯示部門名稱而非部門 ID，可以更容易地辨識員工所屬的部門。

● **部門主管 ID（virtual column）**：點選右上角的加號 Add virtual
column，新增一個虛擬欄位。

撰寫表達式 select(員工清單 [ID],AND([部門 ID]=[_thisrow].
[ID],[職位]=" 主管 "), true) ，代表在【員工清單】中尋找員工的「部
門 ID」等於此筆部門資料的「ID」，並且職位是主管的人。

上述的 true 是指列表中會省略重複的名字，若要顯示全部，不論是否重
複，可改成 false。

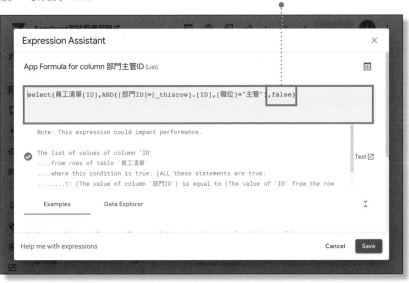

由於新增員工時，通常需要記錄該名新員工隸屬哪個部門，因此
在 STEP2 的【員工清單】中，我們建立了一個名為「部門 ID」的欄
位，並設定它為 Ref 關聯到【部門清單】。但如果您不希望使用者有
權限在【員工清單】中任意添加新部門，可參考 P.166 新建立一個

Slice【部門清單_slice】，並設定為 Read-Only 唯讀，然後將【員工清單】的「部門 ID」欄位設定為 Ref 關聯到【部門清單_slice】。

當【員工清單】的「部門 ID」欄位設定為 Ref 關聯到【部門清單_slice】，並點擊 SAVE 儲存之後，您會發現【部門清單】的 Data 中自動產生了相應的 virtual column（如下圖所示），您不需要對這些自動產生的欄位進行任何更動，但若不希望在頁面顯示這些 virtual column，可以在 Slice 或是 Views 設定中隱藏它們。

生成 Slice 來做關聯性權限控制

當不同 Table 之間要使用 Ref 引用時，可以在 Data 中建立欲引用 Table 的 Slice，並設定成唯讀、無法修改的狀態。以【部門清單】為例，生成 Slice 僅需在 Data 右邊點擊「+」按鈕（Add Slice to filter data），再點選藍色按鈕「Create a new slice for 部門清單」即可。

接著參考下圖將其命名為「部門清單 _slice」，Source Table 選擇【部門清單】，Slice Columns 可以選擇全部或是排除一些自動產生的 virtual column。

然後將 Update mode 設置為 Read-Only（唯讀），日後引用【部門清單 _slice】時使用者就不能任意新增部門。

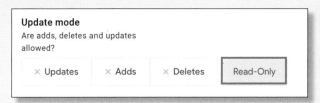

除此之外，我們可以在 Slice 限制查看的權限，以【請假紀錄】為例，如果希望只有員工本人及其部門主管能夠查看該員工的請假紀錄，只需在「Row filter condition」的地方撰寫以下表達式即可：
OR([員工ID].[電子郵件]=userEmail(),[主管員工ID].[電子郵件]=userEmail())

STEP 4 設定【請假紀錄】欄位細節

NAME	TYPE	KEY?	LABEL?	FORMULA	SHOW?	EDITABLE?	REQUIRE?	INITIAL VALUE
_RowNumber	Number							
ID	Text	✓				✓	✓	UNIQUEID()
員工 ID	Ref		✓		✓	✓	✓	ANY (select (員工清單 [ID],([電子郵件]=user Email()),true))
請假申請時間	DateTime				✓		✓	NOW()
請假起始日	Date				✓	✓	✓	
請假起始時間	Enum				✓	✓	✓	
請假結束日	Date				✓	✓	✓	
請假結束時間	Enum				✓	✓	✓	
請假總時數	Decimal			(TOTALHOURS ([請假結束日] - [請假起始日]) ……完整表達式請見 P.172 說明	✓	✓	✓	
假別	Enum				✓	✓	✓	
請假事由	Text				✓	✓	✓	
主管員工 ID	Ref				✓	✓	✓	
審核狀態	Enum				✓	userEmail() =[_thisrow]. [主管員工 ID]. [電子郵件]	✓	" 審核中 "
職務代理人 ID	Ref				✓	✓	✓	
最後更新時間	DateTime			NOW()	✓	✓	✓	

NAME	TYPE	KEY?	LABEL?	FORMULA	SHOW?	EDITABLE?	REQUIRE?	INITIAL VALUE
請假起始日期及時間（virtual column）	Text			concatenate (text([請假起始日], "yyyy/MM/dd")," ",text([請假起始時間], "HH:MM"))	☑			
請假結束日期及時間（virtual column）	Text			concatenate (text([請假結束日], "yyyy/MM/dd")," ",text ([請假結束時間], "HH:MM"))	☑			

說明

- **_RowNumber**：自動帶入，無須修改。
- **ID**：勾選 KEY，並取消勾選 SHOW，INITIAL VALUE 輸入公式 UNIQUEID()。
- **員工 ID**：與【員工清單】或【員工清單 _slice】相關聯，在 INITIAL VALUE 中輸入以下表達式： ANY(select(員工清單 [ID],([電子郵件]=userEmail ()),true)) ，指示應用程式查詢【員工清單】，如果找到與登入者帳號相符的「電子郵件」，則返回該員工的 ID。

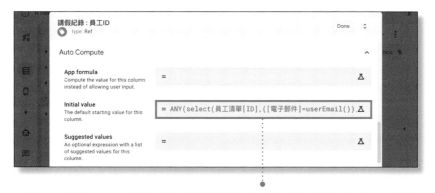

※ 為什麼要返回 ID 而不直接使用員工姓名呢？因為可能會有同名同姓的狀況，為了避免混淆，使用識別 ID 比較不容易出錯，而且我們可以透過勾選 LABEL 選項來顯示員工姓名而非 ID。

- **請假申請時間**：在 INITIAL VALUE 輸入 NOW() 自動記錄第一次送出請假表單的當下時間，同時取消勾選 EDITABLE?，使用者將無法隨意修改申請時間。
- **請假起始日**：請假起始日與請假結束日會影響後續的表達式計算，請統一將 Type 選為「Date」。
- **請假起始時間**：可依照公司規定來調整，此處範例僅提供申請人選擇 09:00:00 及 13:00:00 兩種按鈕選項。（如果選項的項目數較少，Input mode 用按鈕呈現會比較簡潔）

- **請假結束日**：為了將程式簡單化 + 防呆，我們要限制結束日不能早於起始日，且不允許跨週、跨月請假（超過需要分開申請），請點擊欄位前方的鉛筆圖示，在 Data Validity 區塊設定 Valid If：
AND(month([請假結束日])=month([請假起始日]), [請 假 結 束 日]>=[請 假 起 始 日], weekday([請 假 結 束 日])-weekday([請假起始日])>=0, TOTALHOURS([請假結束日]-[請假起始日])/24<=7)

Invalid value error 則設定填寫錯誤時的提示訊息：
"1. 請假結束日不得早於請假起始日
2. 不得跨週或跨月請假，如有此需求請分開提出假單 "

● **請假結束時間：** 請點擊欄位前方的鉛筆圖示，此處範例僅提供申請人 12:00:00 及 18:00:00 兩個選項按鈕。另外，結束時間不能早於起始時間，因此 Data Validity 區塊需設定 Valid If：

datetime([請假結束日期及時間])>datetime([請假起始日期及時間])

當使用者填寫錯誤時的提示訊息，可在 Invalid value error 設定：

"「請假結束之日期時間」必須晚於「請假起始之日期時間」"

※ 其中用於驗證的欄位 [請假結束日期及時間] 下方會提到。

● **請假總時數**：請點擊欄位前方的鉛筆圖示，在 Auto Compute 區塊的 App formula 輸入以下表達式，自動根據前面填寫的日期與時間計算出總時數。

(TOTALHOURS([請假結束日] - [請假起始日]) / 24 * 8) +IFS(
AND([請假起始時間] = "09:00:00", [請假結束時間] = "18:00:00"), 8,
AND([請假起始時間] = "09:00:00", [請假結束時間] = "12:00:00"), 3,
AND([請假起始時間] = "13:00:00", [請假結束時間] = "18:00:00"), 5,
AND([請假起始時間] = "13:00:00", [請假結束時間] = "12:00:00"), 0
)

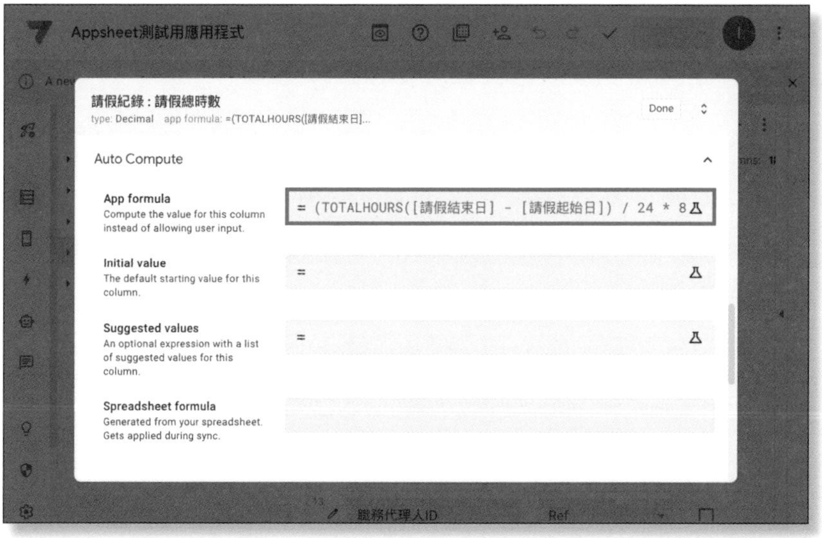

Chapter 8

● **假別**：可設定 Type 為 Enum，Values 則填寫各種假別，包括特休、事假、公假、普通傷病假等等，因為項目數較多，Input mode 可用 Dropdown 下拉選單呈現較為美觀。

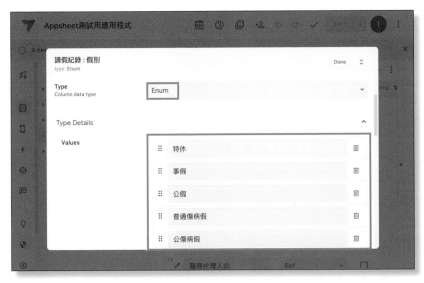

● **主管員工 ID**：請點擊欄位前方的鉛筆圖示，設定 Ref 關聯到【員工清單】或【員工清單 _slice】。

並在 Data Validity 區塊設定 Valid If：

select(員工清單 [ID],AND([部門 ID]=[_thisrow].[員工 ID].[部門 ID],[職位]=" 主管 "),true)

只抓取跟申請人同一部門，而且職位為主管的人。

● **審核狀態：**用來表示這項請假申請是否有被核准，可設定審核中、
同意、不同意三個選項，INITIAL VALUE 則輸入 " 審核中 "。
通常只有具備主管身分者才能審核，因此 Update Behavior 區塊的
Editable? 可輸入表達式：

userEmail()=[_thisrow].[主管員工 ID].[電子郵件]

　　根據這筆資料的「主管員工 ID」，到【員工清單】抓取這個主
管的 Email，唯有當登入者的 Email 帳號與之相符時，才有權限可以
變更此欄位，換言之只有主管才有改變審核狀態的權限。

- 職務代理人 ID：請點擊欄位前方的鉛筆圖示，設定 Ref 關聯到【員工清單】或【員工清單 _slice】，並在 Data Validity 區塊設定 Valid If：

  select(員工清單 [ID],AND([部門 ID]=[_thisrow].[員工 ID].[部門 ID],[ID]<>[_thisrow].[員工 ID]),true)

  只抓取跟申請人同部門的人，並且排除該員工本人。

- 最後更新時間：與「請假申請時間」不同，NOW() 要寫在 Formula 才能在每次異動時抓取當下時間，更新「最後更新時間」的值。

● **請假起始日期及時間（virtual column）**：請點擊欄位前方的鉛筆
圖示，在 FORMULA 中輸入表達式：

concatenate(text([請假起始日],"yyyy/MM/dd")," ",text([請假起始
時間],"HH:MM"))

將請假起始日和請假起始時間組合成新的 virtual column「請假起
始日期及時間」，這樣顯示時會更清楚且方便進行相關條件判斷，
例如判斷請假結束時間是否早於起始時間。

● **請假結束日期及時間（virtual column）**：與「請假起始日期及時
間」相同，在 FORMULA 中輸入表達式：

concatenate(text([請假結束日],"yyyy/MM/dd")," ",text([請假結束
時間],"HH:MM"))

| ✎ 請假起始日期及時間 | Text | ▾ | ☐ | ☐ | = concatenate(text([請假 | ☑ | ☐ | ☐ |
| ✎ 請假結束日期及時間 | Text | ▾ | ☐ | ☐ | = concatenate(text([請假 | ☑ | ☐ | ☐ |

STEP 5 設定【加班紀錄】欄位細節

加班紀錄的一些概念跟請假紀錄相仿，因此說明會略為簡化。

NAME	TYPE	KEY?	LABEL?	FORMULA	SHOW?	EDITABLE?	REQUIRE?	INITIAL VALUE
_RowNumber	Number							
ID	Text	✓				✓	✓	UNIQUEID()
申請人員工 ID	Ref		✓		✓		✓	ANY (select (員工清單 [ID], ([電子郵件] =userEmail ()),true))
加班申請時間	Date Time				✓		✓	NOW()
加班日期	Date				✓	✓	✓	today()
加班起始時間	Enum				✓	✓	✓	

加班結束時間	Enum			☑	☑	☑	
加班事由	Text			☑	☑	☑	
加班時數	Decimal		hour([加班總時數])+minute([加班總時數])/30*0.5	☑	☑	☑	
主管員工ID	Ref			☑	☑	☑	
審核狀態	Enum			☑	useremail()=[_thisrow].[主管員工ID].[電子郵件]	☑	"審核中"
最後更新時間	DateTime		NOW()	☑	☑	☑	
加班起始日期及時間	Text		concatenate(text([加班日期],"yyyy/MM/dd")," ",text([加班起始時間],"HH:MM"))	☑			
加班結束日期及時間	Text		concatenate(text([加班日期],"yyyy/MM/dd")," ",text([加班結束時間],"HH:MM"))	☑			
加班總時數	Duration		datetime([加班結束日期及時間])-datetime([加班起始日期及時間])	☑			

皆為 virtual column，與請假紀錄相仿，撰寫表達式將日期與時間的值組合起來。

Chapter

8

- **_RowNumber**：自動帶入，無須修改。

- **ID**：勾選 KEY，並取消勾選 SHOW，INITIAL VALUE 輸入公式 UNIQUEID()。

- **申請人員工 ID**：與請假紀錄相同，Source table 選為【員工清單】或【員工清單 _slice】，INITIAL VALUE 輸入表達式：

  ANY(select(員工清單 [ID],([電子郵件]=userEmail()),true))

- **加班日期**：通常加班為當日申請，因此 INITIAL VALUE 可輸入表達式 today()。

- **加班起始時間**：可以先幫使用者預設幾個選項，比方說 18:30:00、19:00:00，但請記得勾選 Allow other values，允許使用者自訂時間。

- **加班結束時間**：同上，預設幾個選項，並勾選 Allow other values，允許使用者自訂時間。

  另外，結束時間不能早於起始時間，因此 Data Validity 區塊需設定 Valid If：

  datetime([加班結束日期及時間])>datetime([加班起始日期及時間])

- **加班時數**：在計算「加班時數」之前，如下圖所示，先新增一個名為「加班總時數」的 virtual column，並在 FORMULA 輸入表達式：datetime([加班結束日期及時間])-datetime([加班起始日期及時間])

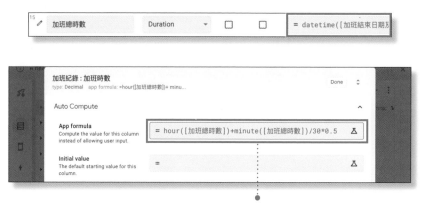

  透過表達式將「加班結束日期及時間」及「加班起始日期及時間」的值相減之後，得到的值會是像「03:30:00」這樣的格式，因此要回到「加班時數」欄位，輸入表達式：

  hour([加班總時數])+minute([加班總時數])/30*0.5

  擷取它的時與分後，得到的值才會是 Decimal 數字格式，例如 3.5。

- **主管員工 ID**：與請假紀錄相同，Source table 選為【員工清單】或【員工清單 _slice】，並在 Data Validity 區塊設定 Valid If：

  select(員工清單 [ID],AND([部門 ID]=[_thisrow].[申請人員工 ID].[部門 ID],[職位]=" 主管 "),true)

- **審核狀態**：Values 設定審核中、同意、不同意三個選項，INITIAL VALUE 則輸入 " 審核中 "。Update Behavior 區塊的 Editable? 輸入表達式： userEmail()=[_thisrow].[主管員工 ID].[電子郵件]

- **最後更新時間**：在 FORMULA 中輸入表達式 NOW() ，即可每次更新時皆變更為當下時間。此欄位如無必要也可刪除。

● 加班起始日期及時間（virtual column）：透過表達式將本來分開的兩個欄位「加班日期」、「加班起始時間」組合成一個欄位。

concatenate(text([加班日期],"yyyy/MM/dd")," ",text([加班起始時間],"HH:MM"))

● 加班結束日期及時間（virtual column）：與「加班起始日期及時間」相同，撰寫下列表達式來合併欄位資訊。

concatenate(text([加班日期],"yyyy/MM/dd")," ",text([加班結束時間],"HH:MM"))

STEP 6　設定【薪資清單】欄位細節

薪資清單中我們使用了許多表達式，看似複雜，但是一旦設定完成，程式就能夠自動完成計算，大幅節省人工處理的時間成本，同時也降低了出錯的可能性。

	NAME	TYPE	KEY?	LABEL?	FORMULA	SI
1	_RowNumber	Number ▾	☐	☐	=	
2	ID	Text ▾	☑	☐	=	
3	員工ID	Ref ▾	☐	☑	=	
4	年份/月份	Text ▾	☐	☐	=	
5	底薪	Price ▾	☐	☐	=	
6	加給	Price ▾	☐	☐	=	
7	休假扣薪	Price ▾	☐	☐	= [該月休假(不含特休)總時數	
8	加班費	Price ▾	☐	☐	= [該月加班總時數]*[換算時	
9	換算時薪	Price ▾	☐	☐	= ([底薪]/30.0)/8.0	

Table: 薪資清單　　　View data source　🔧　C　+　⋮

Source: Appsheet測試用應用程式　Qualifier: 薪資清單　Data Source: google　Columns: 15

NAME	TYPE	KEY?	LABEL?	FORMULA	SHOW?	EDITABLE?	REQUIRE?	INITIAL VALUE
_RowNumber	Number							
ID	Text	✓				✓	✓	UNIQUEID()
員工 ID	Ref（Source table 選為【員工清單_slice】）		✓		✓	✓	✓	
年份／月份	Text				✓		✓	TEXT(EOMONTH(TODAY(),-1),"yyyy/MM")
底薪	Price				✓	✓	✓	
加給	Price				✓	✓		
休假扣薪	Price			[該月休假(不含特休)總時數]*[換算時薪]	✓	✓		
加班費	Price			[該月加班總時數]*[換算時薪]*1.5	✓	✓		
換算時薪（virtual column）	Price			([底薪]/30.0)/8.0	✓			
該月加班總時數（virtual column）	Decimal			SUM(SELECT(加班紀錄[加班時數]……完整表達式請見 P.184 說明	✓			
該月休假(不含特休)總時數（virtual column）	Decimal			SUM(SELECT(請假紀錄[請假總時數]……完整表達式請見 P.184 說明	✓			
當月總薪資（virtual column）	Price			[底薪]+[加給]-[休假扣薪]+[加班費]	✓			

說明

- **_RowNumber**：自動帶入，無須修改。
- **ID**：勾選 KEY，並取消勾選 SHOW，INITIAL VALUE 輸入公式 UNIQUEID()。
- **員工 ID**：透過 Ref 關聯到【員工清單】或【員工清單 _slice】的 Key，也就是【員工清單】中的「ID」欄位。因為前面有設定 Label 是員工姓名，所以薪資計算這裡也會顯示員工姓名而非 ID。

- **年份 / 月份**：如果需要記錄這筆資料是哪個月份的薪資，可在 INITIAL VALUE 輸入下列表達式，利用 TODAY(),-1 來獲取前一個月的月份：TEXT(EOMONTH(TODAY(),-1),"yyyy/MM")
- **休假扣薪**：先新增 virtual column 計算「該月休假 (不含特休) 總時數」與「換算時薪」之後，在此欄位「休假扣薪」中撰寫表達式 [該月休假 (不含特休) 總時數]*[換算時薪] 將兩者相乘，即可算出每位員工該月應扣除的薪水。

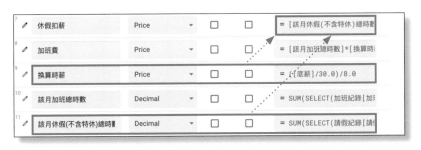

● 加班費：撰寫表達式 [該月加班總時數]*[換算時薪]*1.5 將「該月加班總時數」與「換算時薪」（此範例中加班費為時薪的 1.5 倍）兩者相乘，即可算出每位員工該月應獲得的加班費。

8 ✎	加班費	Price ▾	☐	☐	= [該月加班總時數]*[換算時
9 ✎	換算時薪	Price ▾	☐	☐	= ([底薪]/30.0)/8.0
10 ✎	該月加班總時數	Decimal ▾	☐	☐	= SUM(SELECT(加班紀錄 [加

● **換算時薪（virtual column）**：撰寫表達式 ([底薪]/30.0)/8.0 來計算底薪除以 30 天，再除以每日 8 小時，計算出時薪。

● **該月加班總時數（virtual column）**：

SUM(SELECT(加班紀錄 [加班時數],AND([申請人員工 ID]=[_THISROW].[員 工 ID],TEXT([加 班 日 期],"yyyy/MM")=[_thisrow].[年份 / 月份],[審核狀態]=" 同意 "),true))

先找出【加班紀錄】中符合以下三個條件的申請紀錄後，再將「加班時數」的值加總起來。
1.【加班紀錄】中的「申請人員工 ID」等於本筆紀錄的「員工 ID」。
2.【加班紀錄】中的「加班日期」等於本筆紀錄的「年份 / 月份」。
3.【加班紀錄】中的「審核狀態」其值為「同意」者。

● **該月休假 (不含特休) 總時數（virtual column）**：

SUM(SELECT(請 假 紀 錄 [請 假 總 時 數],AND([員 工 ID]=[_THISROW].[員 工 ID],TEXT([請假起始日],"yyyy/MM")=[_thisrow].[年份 / 月份],[假別]<>" 特休 ",[審核狀態]=" 同意 "),true))

先找出【請假紀錄】中符合以下四個條件的申請紀錄後，再將「請假時數」的值加總起來。
1.【請假紀錄】中的「員工 ID」等於本筆紀錄的「員工 ID」。
2.【請假紀錄】中的「請假起始日」等於本筆紀錄的「年份 / 月份」。
3.【請假紀錄】中的「假別」不等於「特休」者。
4.【請假紀錄】中的「審核狀態」其值為「同意」者。

● **當月總薪資 (virtual column)**：輸入下列表達式，即可自動計算該員工的薪資： [底薪]+[加給]-[休假扣薪]+[加班費]

8-3 設定 Views 應用程式頁面

在 Views 左側區塊中,如果是
經常需要查看的資料頁面,通常會建
立在 PRIMARY NAVIGATION 分類
底下(最多可設定 5 個 Views),
在應用程式的下方可以快速查看與
切換。而不常變動的資料頁面,像
是員工與部門清單,可以建立在
MENU NAVIGATION 分類底下,點
擊左上角選單之後才會顯示。

另外在 Views 左側區塊我們會
看到 REFERENCE VIEWS 及
SYSTEM GENERATED 兩種分類,
此為系統自動產生的 Views。

自動化可以將指定的 View 嵌入在郵件中發
信給相關人員,因此可以透過 REFERENCE
VIEWS 來為這個信件設定要顯示哪些資料。

Data 建立後,系統自動產生的 Views,主
要包含 Detail 與 Form 兩種,不一定需要特
別修改它。

建立 View 之後，如無特殊需求，一般會選擇 table 或 card 的類型來顯示資料列表，以【員工清單】為例，我們建立了一個名為「員工」的 View，Data 資料來源選擇【員工清單】，類型則以 table 表格方式呈現，Position 則是選為「menu」放在左上角的選單之中。

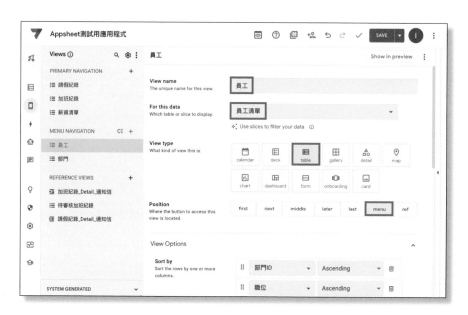

我們可選擇以「部門 ID」來排序，讓相同部門的員工排在一起，再以「職位」排序，讓主管優先顯示。

如果 Group by 的地方選擇以「部門 ID」來分組的話，表格會拆分開來，如下圖，多出一個「技術部」的標題列，讓表格可以更加清楚明瞭。

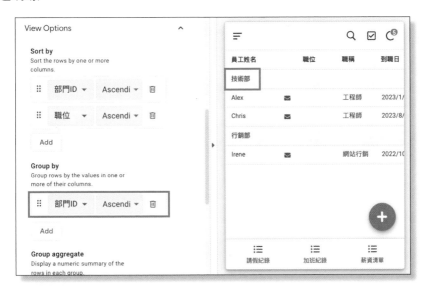

此外，如果有些欄位不希望顯示，或是想要更改欄位順序，可以在 Column order 的地方依序新增要顯示的欄位。（Slice 跟 View 皆可篩選欄位顯示，但 Slice 除了能夠設定要顯示哪些欄位之外，還可以設定編輯權限）

最後像是「薪資清單」的 View，一般不是所有員工都能查看，而是「部門 ID」為人資或會計部門者才有查看權限。我們可以在 Display 區塊的 Show if 中撰寫表達式：

IN(userEmail(),select(員工清單 [電子郵件],[部門 ID]=
" << 人資或會計部門的 id>> "))

此處請使用您所欲指定的部門 ID

8-4 設定 Actions

Data 設定好之後，點進閃電圖示的 Actions 介面，我們可以看到許多自動產生的 Actions，包括 Add、Delete、Edit 等基本操作按鈕，以及 View Ref、Compose Email 等根據欄位類型自動產生的按鈕。

如下圖所示，若 Data 中有 Column data type 選為 Email，系統便會自動產生名為 Compose Email 的操作按鈕，當您在員工清單中點擊郵件的圖示，便可以發信給該員工。

如果這個按鈕沒有存在的必要，可以在 Prominence 處改為 Do not display，不再顯示郵件圖示。

本書範例為了讓讀者能夠輕鬆上手，因此沒有使用太多複雜的功能，若您有更多需求，可以嘗試去運用 Actions 來增加按鈕讓使用者更方便。（詳細操作請參考 P.86）

8-5 設定 Automation

此處主要是針對加班與請假申請去做一些自動通知的設定，簡單來說，當員工送出申請時，要自動發信通知其部門主管，而部門主管審核之後，再自動發信通知該員工審核結果。

接下來我們將以【請假紀錄】為例，建立兩個 Bots。

STEP 1 建立 Bot：當員工送出申請時，自動發信通知其部門主管。

When this EVENT occurs:

先建立一個觸發 Bots 的事件，命名為「員工送出請假申請」。一般預設都是「Data Change」，當資料有變更的時候執行動作，其次，由於員工提出申請意味著這份請假紀錄新增了一筆紀錄，所以下方要選擇「Adds only」，Table 則選擇「請假紀錄」。

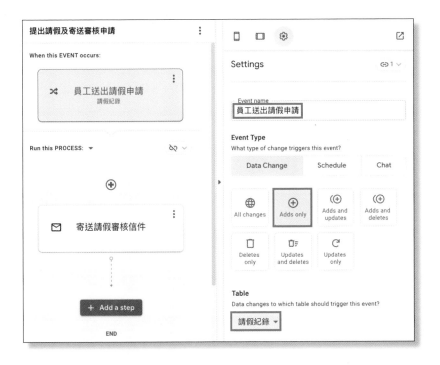

Run this PROCESS:

再來設定我們要執行的任務：建立一個名為「寄送請假審核信件」的 Run a task，並設定動作為「Send an email」，代表發生 STEP1 的事件後，就會寄送一封電子郵件。

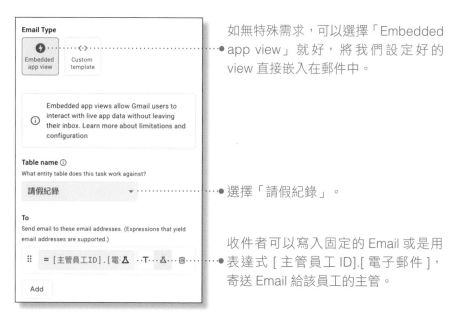

如無特殊需求，可以選擇「Embedded app view」就好，將我們設定好的 view 直接嵌入在郵件中。

選擇「請假紀錄」。

收件者可以寫入固定的 Email 或是用表達式 [主管員工 ID].[電子郵件]，寄送 Email 給該員工的主管。

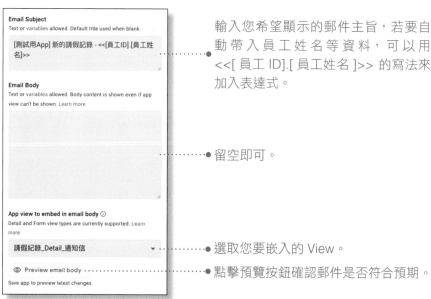

輸入您希望顯示的郵件主旨，若要自動帶入員工姓名等資料，可以用 <<[員工 ID].[員工姓名]>> 的寫法來加入表達式。

留空即可。

選取您要嵌入的 View。

點擊預覽按鈕確認郵件是否符合預期。

STEP 2 建立 Bot：部門主管審核後，自動發信通知該員工審核結果。

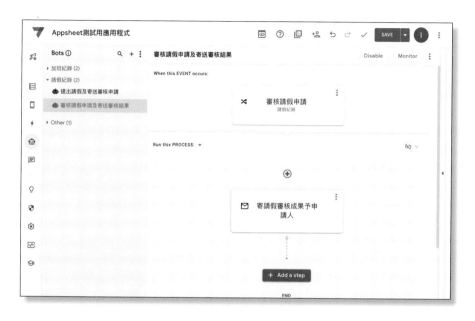

When this EVENT occurs:

先建立一個觸發 Bots 的事件，命名為「審核請假申請」，「Data Change」僅限於「Updates only」，Condition 中輸入下列表達式：

AND([審核狀態]<>" 審核中 ",[_THISROW_BEFORE].[審核狀態]<>[_THISROW_AFTER].[審核狀態])

當這份請假紀錄發生資料異動，而且「審核狀態」的欄位值不等於「審核中」，更新前後的值也不相同時，才會觸發後續的動作。

Run this PROCESS:

與先前相同,再來設定我們要執行的任務,建立一個名為「寄請假審核成果予申請人」的 Run a task。

指定動作為「Send an email」

寫入表達式 [員工 ID].[電子郵件],寄送 Email 給該員工

嵌入應用程式的 view

選取您要嵌入的 View

選擇「請假紀錄」

設定信件主旨,例如:[測試用 App] 請假紀錄的審核狀態已更新 - <<[員工 ID].[員工姓名]>>

本章節設定完成之後,請參考 P.133 將應用程式分享給其他人試用,或是直接公開布署,即可為您的公司量身訂做一套簡單好用的請假、加班、薪資計算的應用程式。

AppSheet
實戰

與 Google Chat
整合的 Chat apps

Chapter 9

Google Chat 是由 Google 開發的協作和通訊平台，用來提供團隊內部或跨團隊之間即時溝通合作的工具，能大大促進成員之間的交流和工作效率。而透過 AppSheet 建立 Chat apps，使用者可以直接在 Google Chat 中與 AppSheet 應用程式互動，無需另外開啟應用程式。

本章將介紹如何把 Chat apps 安裝在 Google Chat 中並微調相關設定，讓員工只要透過 Google Chat 即能提交申請、查看應用程式資料等等。

提醒 目前僅開放 Google Workspace 用戶才能使用 AppSheet 創建 Chat apps，請以官方公告為準。

如果要將 AppSheet Chat Apps，與 Google Chat 整合，必須先在您的 Google Cloud 新增專案（https://console.cloud.google.com/projectcreate）。

然後在 API 程式庫（https://console.cloud.google.com/apis/
library）中啟用 Google Chat API。

Google Cloud 專案分為「Automatic（自動配置）」、「Manual
（手動配置）」兩種設定模式，預設為「自動配置」，比較簡單好上
手，後續也無需查看或管理此專案，AppSheet 自然會處理與 Google
Cloud 的必要互動。詳細說明可參考官方文章：https://support.google.
com/appsheet/answer/13536336

9-1 啟用 Chat apps

從左側導覽列點擊對話圖示，進入 Chat apps 的設定介面，依序進行下列步驟：

STEP 1 創建 Chat apps

點擊「Create」按鈕。

STEP 2 啟用

在「Enable」區塊點擊「Next」按鈕，程式便會開始創建 Chat apps，您可能需要接受 Google Workspace Marketplace 開發者協議和 Google APIs 服務條款

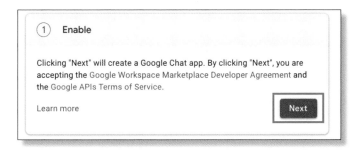

STEP 3 客製化設定

「Customize」自訂設定（詳細說明請參考 P.202）。

STEP 4 測試

　　設定好之後點擊「Next」按鈕，即可進入「Test」區塊，測試是否已正確結合 Google Chat（詳細說明請參考 P.210）

STEP 5 分享

測試無誤後即可點擊「Next」按鈕，進入「Share」區塊分享給您的使用者，就完成囉！

※ 如果之後要取消啟用 Chat apps，如下圖回到「Create」區塊把「Enable Chat app」選項關閉即可。

9-2 自訂 Chat apps 運作方式

「Customize」區塊中主要分為「First message」、「Search」、「Actions」3 個部分。說明如下：

● **First message**：當使用者在 Google Chat 安裝或提及 Chat apps 時，Chat apps 會自動發送應用程式的選單。

您可以在「Message text」輸入您希望顯示的對話訊息文字，並點擊「App views sent as a Chat card menu」下方的「Add view」按鈕，新增要顯示的應用程式的 view，或是點擊右側的垃圾桶圖示刪除已添加的 view。

值得注意的是，在 Chat apps 中僅支援 Deck、Detail、Form 三種 view types，其他像是 Calendar、Card、Chart、Dashboard、Gallery、Map、Onboarding、Table 等 view types 目前尚不支援，請以官方公告為準。

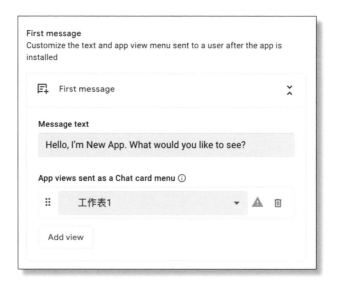

範例

● **Search**：內建的「/search」指令，只有使用自動配置才能調整其設定。此功能可以讓使用者輸入簡單的詞語或短句來進行 Chat apps views 的搜尋，例如：/search request。

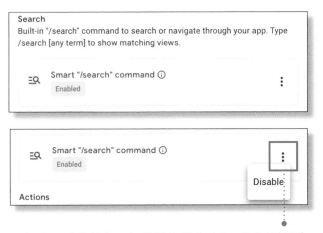

預設是開啟的狀態，如果想停用此功能，可以點選右側的「 ⋮ 」符號後按「Disable」關閉。

● **Actions**：您可以自訂 Chat apps 的 Actions，主要分成下列三種類型：

○ **Slash command（斜線指令）**：開發者在 AppSheet Chat apps 中建立並完成指令設定之後，使用者只要在 Google Chat 聊天中輸入該斜線指令，即可在聊天視窗呼叫 AppSheet 的 View，或是執行 AppSheet 的 Automation。

○ **Automated Messages（自動訊息）**：透過 AppSheet Automation 來指定要在什麼情形下，傳送什麼訊息到 Google Chat。請注意，您的 AppSheet 必須先公開部署之後，才能選擇這類型的選項。

○ **Build my own…**：開啟一個新的 AppSheet Automation，可完全根據自己的需求來自訂功能。

接下來我們將進一步說明 Actions 的細節設定，請在「Actions」區塊下方點擊「+ New action」按鈕，從下拉選單中選擇模板，或是最下方的「Build my own...」從頭開始建立一個 Chat apps。

Actions
Add actions to automate messages sent by your Chat app, or customize commands to open app views or run automations

+ New action

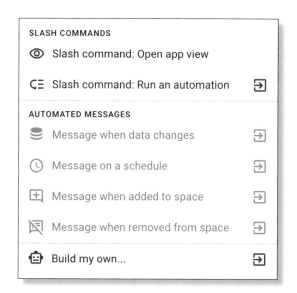

● **Slash command: Open app view**：讓使用者可以在 Google Chat 中輸入指定的斜線指令，不用切換到 AppSheet 即可在 Google Chat 對話裡檢視某個 AppSheet View。

範例 設定斜線指令 "/form"，當使用者在聊天中輸入該指令時，系統會顯示【加班紀錄__ Form】的 View。

● **Slash command: Run an automation**：如果選擇此選項，會自動跳至 AppSheet 的 Automation 頁面，您可以設定 Event 為當使用者輸入指定的斜線指令後，要自動執行什麼 Process。

範例 如下圖設定 Event 事件為「當使用者在 Google Chat 聊天中輸入斜線指令 /sendreport」，系統自動執行 Process 發送郵件給指定主管。

● **Message when data changes**：如果選擇此選項，會自動跳至 AppSheet 的 Automation 頁面，您可以設定 Event「當指定的 Table 資料有變更時」，自動執行 Process「發送訊息到 Google Chat」。

範例 當加班紀錄的 Table 有變更時⋯⋯

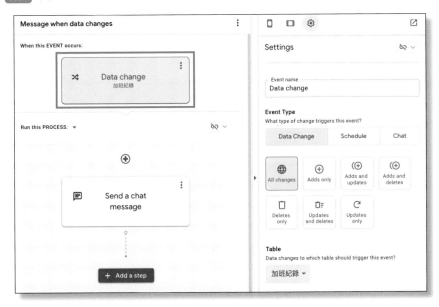

自動發送訊息到 Google Chat，右邊的 Settings 可以設定要傳送訊息到哪個 Google Chat 的 Space 以及要傳送的訊息內容。

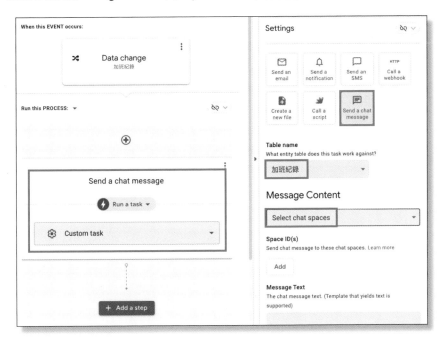

● **Message on a schedule**：如果選擇此選項，會自動跳至 AppSheet 的 Automation 頁面，您可以設定 Event「指定時間排程」，自動執行 Process「發送訊息到 Google Chat」，比方說每天上午 9 點自動發送提醒訊息。

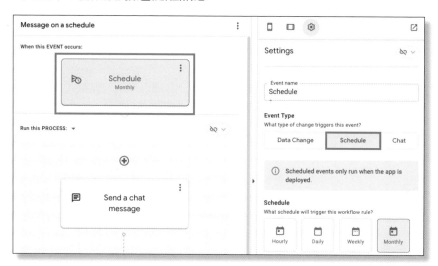

● **Message when added to space**：如果選擇此選項，會自動跳至 AppSheet 的 Automation 頁面，您可以設定 Event「當您的 Chat apps 被加入到某個 Google Chat Space 時」，自動執行 Process「發送訊息到 Google Chat」。

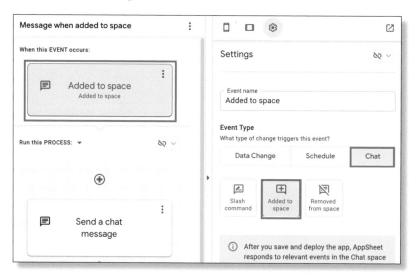

● **Message when removed from space**：如果選擇此選項，會自動跳至 AppSheet 的 Automation 頁面，您可以設定 Event「當您的 Chat apps 從某個 Google Chat Space 中被移除時」，自動執行 Process「發送訊息到 Google Chat」。

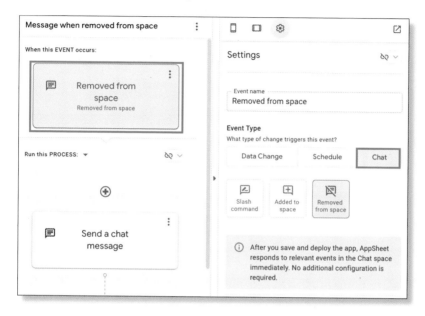

9-3 測試及分享 Chat apps

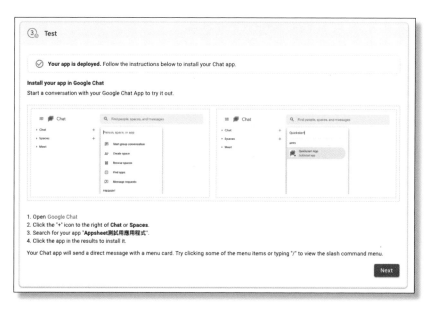

當您完成 Chat apps 的「Enable」及「Customize」設定之後，請先將 AppSheet 應用程式公開佈署（deploy），才能依照下列步驟開始測試 Chat Apps 的功能：

❶ 開啟 Google Chat。

❷ 在 Chat 點選「發起新即時通訊」或是在 Spaces 點選「+ 建立新聊天室」。

❸ 如果是 Chat，點選「發起新即時通訊」後可直接點擊「尋找應用程式」。

如果是 Spaces，則須先點選「建立聊天室」建立一個聊天室之後，再點擊「新增使用者和應用程式」。

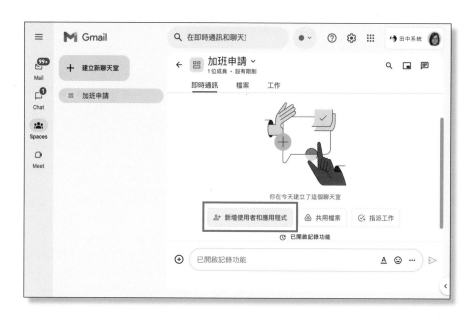

❹ 找到您有啟用 Chat apps 的應用程式後，點「新增」。

❺ 將應用程式新增至 Chat 或 Spaces 聊天室之後，便會開啟對話，如下圖。

❻ 接著就可以開始測試您先前設定的斜線指令或點擊選單，比方說嘗試直接在此新增或編輯加班紀錄。

測試無誤之後，即可將您的 Chat apps 分享給其他使用者。您可以選擇分享給與您相同網域的使用者，或是分享給特定的使用者，讓他們有權限能夠在 Google Chat 中搜尋到您 Chat apps 應用程式，並且告知對方如何將應用程式添加到現有的 Chat 或 Spaces 中，以及斜線指令或其他相關使用方法。

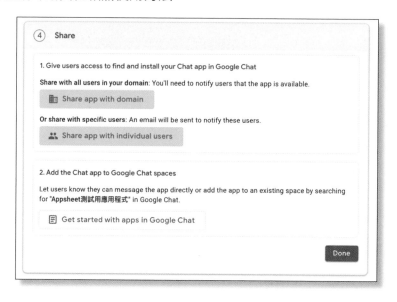

Appendix 附 錄

1 現成可用的 AppSheet 應用模板

　　Google AppSheet 網站上提供許多模板可以直接套用，應用程式的種類可謂是五花八門，不僅是辦公室運用，日常生活中也能透過應用程式來幫助我們進行更好的管理。建議讀者可以直接挑選最接近需求的模板來進行微調，若您對於樣板中的某個功能感興趣，也可以套用之後看看該應用程式是怎麼製作的，進而模仿其設定。本篇附錄將為您簡單介紹官方目前提供哪些樣板，幫助您快速查找是否有符合需求的樣板可套用。最新樣板請以官方網站為準，若要套用樣板，請至 https://www.appsheet.com/templates。

模板索引

附錄

Simple Survey 基本表單

快速建置常用的表單欄位。

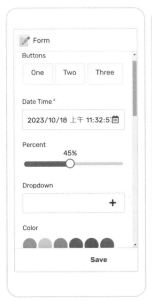

Simple Inventory 簡易庫存管理

　　管理、追蹤庫存數量。如果庫存低於某個閾值，將發送電子郵件通知。

 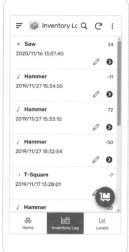 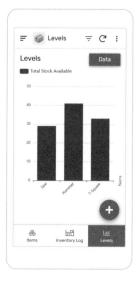

Kanban Board 看板儀表板

　　在看板或日曆追蹤工單、專案及相關任務。

 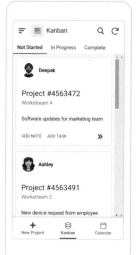 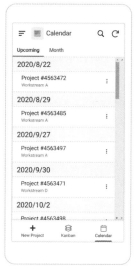

Project Tracker 專案追蹤

　　追蹤專案任務，確保按時且在預算內執行完成。可自動化 Email 發送每日計劃的提醒。

Onboarding and Training 入職培訓

　　管理員工的培訓計劃、安排課程、審查員工進度等等。

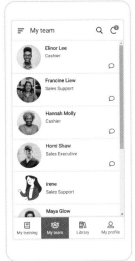

Shift Management 輪班管理

具多種使用者權限、可分配輪班並審查交換輪班的請求、回報輪班狀況等等。

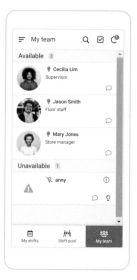

Workstation Booking 預定工作空間

分配和預留組織內的工作空間,管理者有批准的權限,使用者可以簽到和簽出。

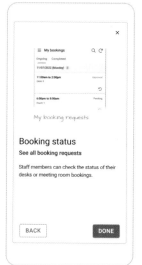

Travel Approval Workflow 差旅管理

可批准出差旅行的請求、票據審核、支出檢視。

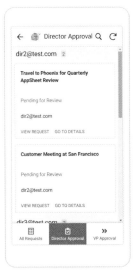

Field Delivery 貨物運送

對貨物運送進行工作分配、追蹤,可按地圖、日曆查看,也會自動發送通知給司機。

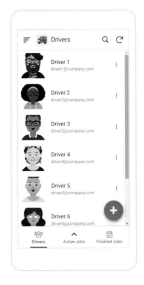

Order Deliveries 訂單出貨

管理產品訂單，更新出貨狀態，自動向客戶發送訂單狀態通知。

Task Manager 任務管理

創建任務與管理任務列表。

Marketing Projects 行銷專案

幫助團隊追蹤行銷項目、活動階段與預算，分配任務、追蹤進度。

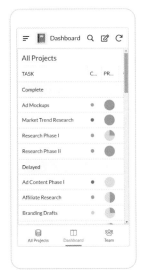

Occupancy Tracker 使用率追蹤

用於物業管理，以實時數據共享不同房間或區域的客戶使用情況。

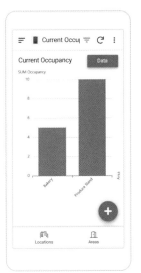

Facility Assets 設備管理

追蹤公司在各個辦公室的設備。

Client Expenses 業務支出管理

按照客戶來記錄和分類相關的業務支出。

Class Attendance 課堂出席

針對不同課程設定學生清單，記錄學生出席情況，並顯示在日曆。

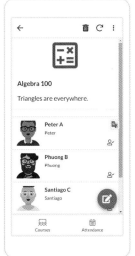

5s Audit Checklist 審核清單

透過審核清單確保員工符合 5S 原則。

Curbside Pickup 門市取貨

協助零售公司管理客戶需求、門市或面交取貨。

  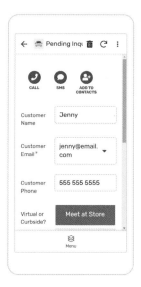

Team Directory 團隊目錄

共享的員工目錄，可發布內部資源並監控資源使用。

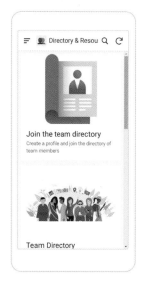 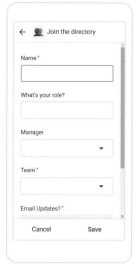 

PTO Tracker 休假追蹤

追蹤公司員工的出席狀況，可以日曆或表格顯示。

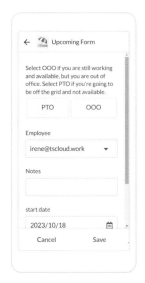

Tiered Approvals 分層審批

使員工能夠提交請求，經過一系列的審查來拒絕或批准。

Retail Task Management 零售任務管理

店鋪經理分配並追蹤需要執行的任務，定期收到任務報告。

To Do List 待辦事項

待辦事項清單，可追蹤個人和工作任務。

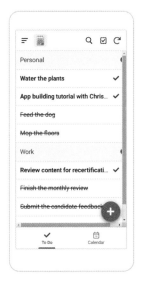

Space Booking 空間預訂

管理多個場館 / 建築中的可預訂空間，以及可預訂時段。

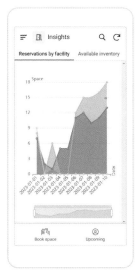
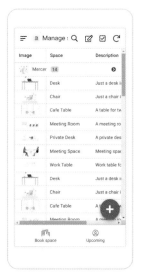

List Builder 建立清單

建立圖文並茂的清單系統，讓庫存管理一目了然。

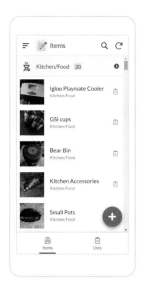

Shift and Task Management 輪班和任務管理

　　管理者可分配任務、輪班並審核交換輪班的請求，員工也能申請或回報。

Resource Hub 資源中心

　　團隊共享資源和公告，當添加與他們相關的新項目時，使用者會收到通知。

Team Alerts 團隊通知

創建團隊後，團隊領導者可分享資源或群組通知給團隊成員。

  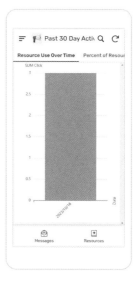

Resource Portal 資源平台

可分享資源給團隊成員，並追蹤使用情況。

 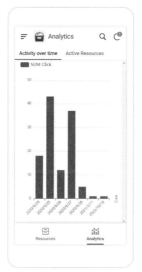 

Template Launcher 模板啟動介面

與不同的使用者團隊分享 AppSheet 應用模板。

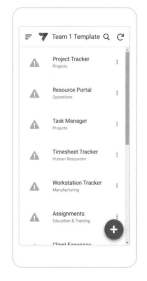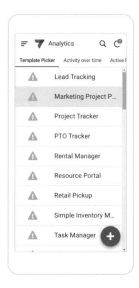

Shift Scheduling 輪班排程

為前線工作人員排班和管理工時表，員工可進行上下班打卡、請求替班、查看工時表。

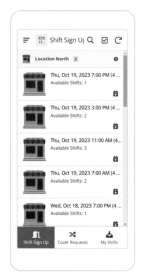

Retail Pickup 零售取貨

安排零售訂單取貨預約，可與客戶通話。

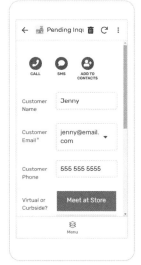

Visitor Check-ins 訪客登記

訪客抵達及離開時記錄或通知管理人員，也可查看當下訪客。

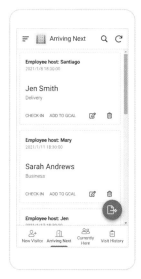

Route Optimization 路線調度

透過地圖為司機分配適合的路線，而司機可更新路線狀態。

Approvals 審批請求

管理者可直接從 Gmail 快速審查員工請求，也可設定自動通知。

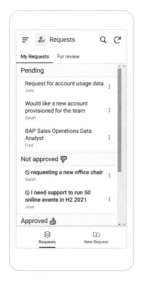

Incident Report 事故報告

記錄事故，包括現場位置和照片證據等資訊，並通知團隊成員。

Simple Scheduler 簡易排程

管理可用時段，供用戶預約，同時可向用戶發送通知。

Quote Generator 報價產生器

可查看客戶、待確認或被拒絕的報價、提案等資訊，並 Email 給客戶。

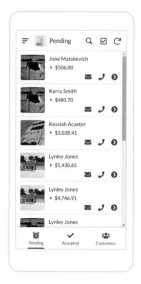

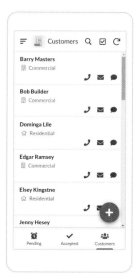

Tenant Logistics 租戶管理

物業經理或房東可以方便地填寫和整理租戶的入住和搬出清單。

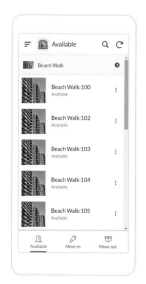

Events Calendar 活動日曆

在共享日曆和地圖上舉辦活動。

Surface Sanitization 清潔追蹤

管理單一或多個清潔檢查點，當需要清潔時提供簡單的提醒。

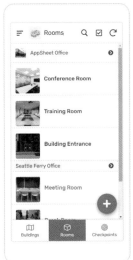
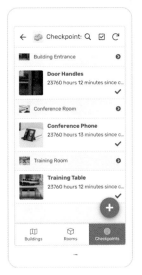

Employee Onboarding 員工培訓

為每位新員工提供相關的培訓資源，並追蹤使用率和完成率。

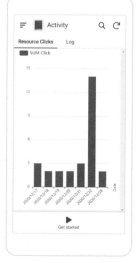

Vehicle Inspection 車輛檢查

可記錄車輛檢查日誌與詳細資訊。

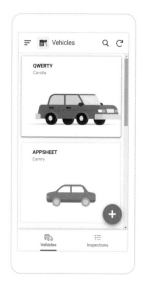
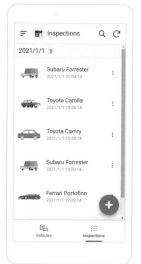

Contact Manager 聯絡人管理

管理個人或商業聯絡人並記錄互動，查看地圖位置與歷史紀錄。

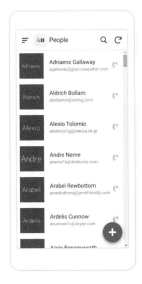  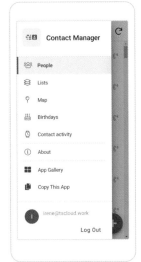

Inventory Management 庫存管理

管理庫存，可設定庫存價值和供應商詳情。

 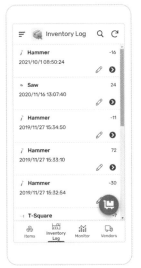 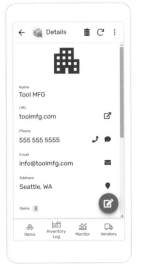

Rental Manager 租賃管理

管理租賃物業或房間的維護和清潔。

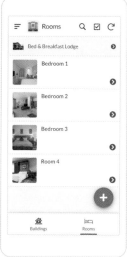

Assignments 作業與課程管理

管理課程時間表和作業，追蹤作業量、進度和課程時間表。

Equipment Inspections 設備檢查

可建立設備列表，記錄設備的維護狀態，可用日曆的方式查看。

Health Log 健康日誌

記錄員工的健康資訊，像是疫苗接種狀態。

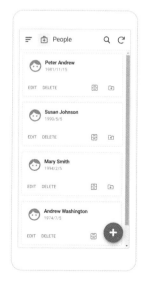
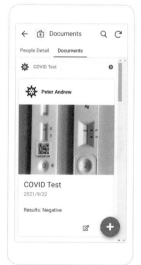

Workout Log 運動日誌

記錄運動組數、次數和重量,可用圖表、圖形和日曆查看。

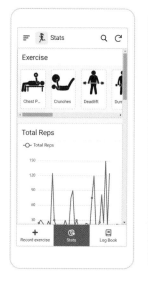  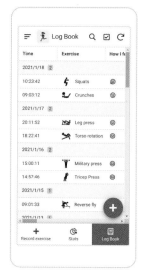

Account Health 帳戶健康追蹤

記錄客戶帳戶的指標,監控整體帳戶狀態,以提高客戶的滿意度和留存率。

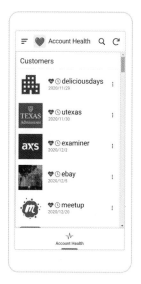  

Journal 日記

輕鬆記錄和查看日記，用於記錄您的想法、活動和情感。

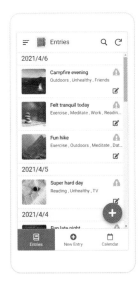 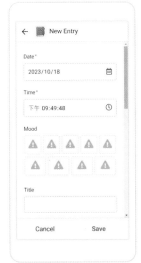 

Facility Inspections 設施檢查

可在地圖查看附近設施，並在這些設施的室內平面圖上查看檢查點，也可記錄員工定位以利主管即時審核，可上傳圖片及數字簽名。

 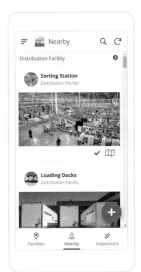 

Incident Reporting 事故報告

捕獲、記錄和管理事故的過程，提供多種標準事故表格。

Workplace Safety 工作場所安全回報

幫助工作場所的團隊成員檢視人身安全或其他健康風險，確保員工擁有安全的環境。

 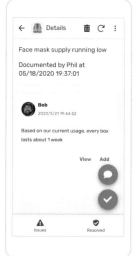 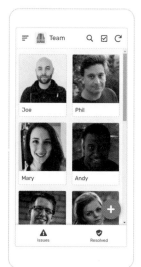

附錄

Campaign Tracker 活動追蹤

生成和管理活動的連結。

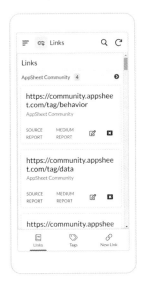  

Telehealth Coordination 線上診療

啟用線上診療和數位跟進，確保醫生和病人保持聯繫。

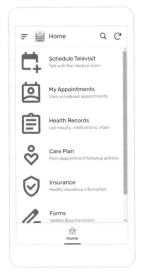 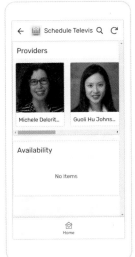 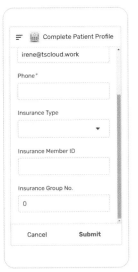

Timesheet Tracker 工時追蹤

允許員工追蹤他們的工時並記錄上下班時間，並可根據工作時數計算薪水。

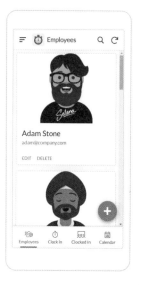

App Portal 應用程式入口

與不同的使用者團隊分享 AppSheet 應用程式。

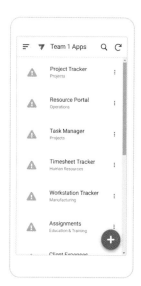

FAQ Directory 常見問題集

允許用戶提出問題，合作回應，並對最正確的答案進行投票。

Group Forum 群組論壇

可創建群組論壇、發布和查看消息，並通知同事重要訊息。

Lead Tracking 潛在客戶追蹤

　　允許團隊成員新增和追蹤其業務上各個潛在客戶，可添加聯絡資料和潛在客戶價值資訊。

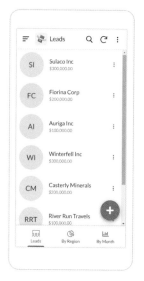 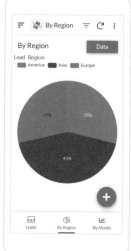 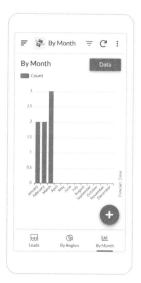

Workstation Tracker 工作區追蹤

　　允許用戶簽到與簽出，以追蹤工作區的使用狀況。

 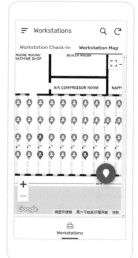 

Agriculture Inspections 農業檢查

農業檢查員可以標記特定的 GPS 位置，記錄資訊、拍攝並添加圖片、發送報告。

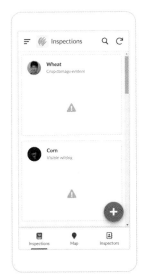  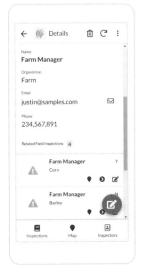

CRM 客戶關係管理

管理客戶資料、交易、報價和互動紀錄，並可在地圖上標出客戶公司位置。

 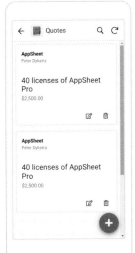 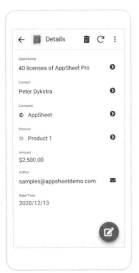

IT Ticketing 管理 IT 工單

允許員工提交他們的個人資訊和 IT 方面的問題，系統會自動向正確部門的負責人員發送電子郵件。

 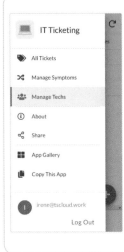 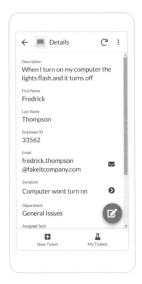

National Parks 國家公園目錄

美國國家公園目錄，可用卡片、地圖和儀表板的方式來呈現。

2 透過 AI 自動生成應用程式

2023 年是生成式 AI 大顯身手的時代，AppSheet 同樣也可以看到生成式 AI 的身影，請連至官網 **https://www.appsheet.com/spec** 使用自然語言（目前只支援英文）輸入您對應用程式的需求、需要的流程或功能等等，只要短短幾分鐘就可以創建好一個應用程式。

例如，您可以用英文簡單地告訴 AppSheet："This is an interview feedback app"，意思是「我想要一個蒐集面試回饋的應用程式」。詳細步驟如下：

STEP1

用英文描述您希望製作的應用程式，於下拉選單中選擇最符合需求的選項。

STEP2

畫面右側會顯示應用程式的手機預覽畫面，下方則會顯示系統根據您的應用程式需求，推薦可能需要蒐集的資訊。滑鼠移到選項上方後，可點擊展開次層選項，進一步選擇需要的欄位。若是不需要蒐集的資訊，也可點擊該選項，右邊出現 X 的符號後即可點擊刪除。

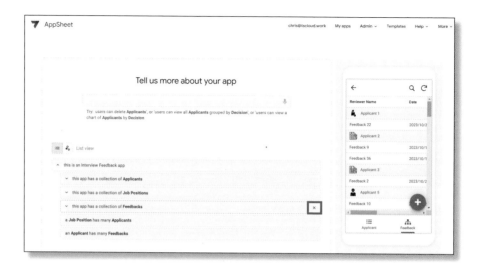

STEP3

以此範例而言，次層選項指的是 Applicants（申請人）需要填寫哪些欄位，像是 Name、Email、Phone Number 等等。若有不需要填寫的欄位，即可點擊刪除。

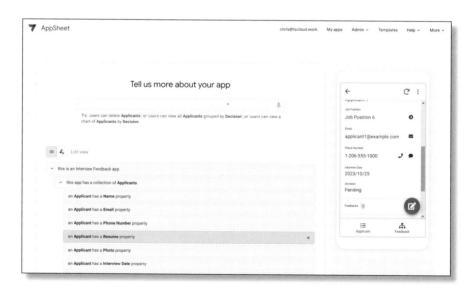

STEP4

可點選「Graph view」查看數據之間關聯性的圖形標示。

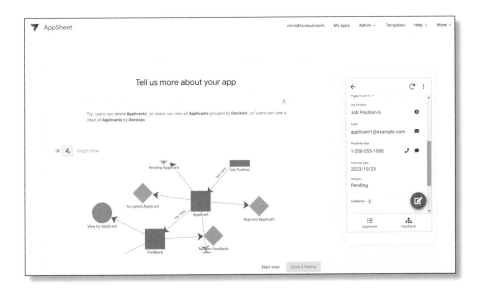

STEP5

可繼續在輸入框描述您想要修改或新增的功能。

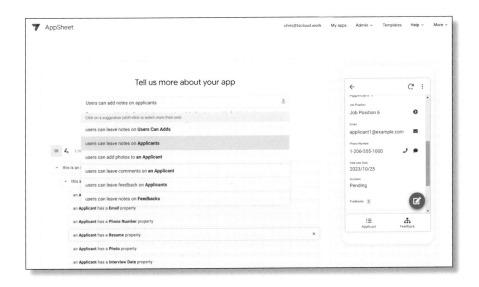

STEP6

選好之後，點選下方的「Save & Refine」藍色按鈕。

STEP7

輸入您想要設定的應用程式名稱。

STEP8

系統會自動幫您建立好應用程式以及需要的 Data，您只需檢查與微調即可。

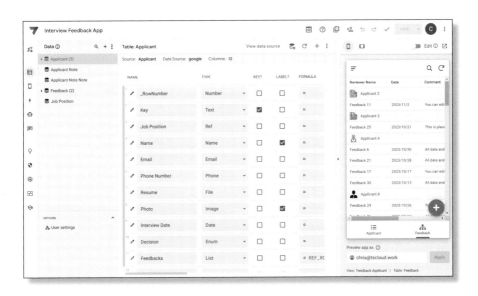

本書前面所提到的應用程式創建流程，是先思考工作的 workflow、把需要的表格及欄位準備好之後，再將相關的表格連接到 AppSheet，進行應用程式的各種設定。但是用生成式 AI 來創建應用程式的過程，則是輸入您想要的應用程式的功能或結果，讓系統自動為您建構出應用程式，優點是這個過程變得更快、更直觀了，缺點則是資料表的生成與分類方式、儲存位置等等，都是由系統決定。

如果您所需的應用程式複雜度不高，滿推薦可以嘗試看看使用 AI 來達成，若需要微調之處，本書都有詳細的說明介紹如何調整設定。（最新資訊請以 Google AppSheet 官網為準）

國家圖書館出版品預行編目 (CIP) 資料

手把手學 Google AppSheet：辦公應用程式開發實戰指南 /
田中系統技術團隊作 . -- 初版 . -- 臺北市：
新加坡商田中系統雲端有限公司 , 2023.11
面； 公分
ISBN 978-626-98050-0-6(平裝)

1.CST: 網際網路 2.CST: 軟體研發 3.CST: 電腦程式設計

312.1653 112019220

手把手學 Google AppSheet
辦公應用程式開發實戰指南

作　　者：田中系統技術團隊
編　　輯：李海蓉
美術設計：theBAND · 變設計—ADA

出　　版：新加坡商田中系統雲端有限公司 TS Cloud Pte. Ltd.
　　　　　台北分公司地址：11070 台北市基隆路一段 141 號 6 樓之 5
　　　　　台北分公司電話：(02)7755-2101

代理經銷：白象文化事業有限公司
　　　　　401 台中市東區和平街 228 巷 44 號
　　　　　電話：04-22208589

印　　刷：呈靖彩藝有限公司
法律顧問：黑田法律事務所 蘇逸修律師
電子信箱：service@tscloud.work
田中系統官網：https://tscloud.com.tw/
田中系統臉書：https://www.facebook.com/tscloud.com.tw/

定　　價：320 元
出版日期：2023 年 11 月 初版一刷
Ｉ Ｓ Ｂ Ｎ：978-626-98050-0-6 (平裝)